高等院校计算机教育系列教材

MATLAB 机器学习实用教程

由 伟 编著

清华大学出版社
北京

内 容 简 介

本书介绍了机器学习的典型算法及 MATLAB 编程方法。主要内容包括:线性回归、非线性回归、分类、聚类、人工神经网络、支持向量机、决策树、模糊逻辑、集成学习、半监督学习、强化学习、关联规则学习、深度学习、机器阅读和机器写作等。本书注重实用性,精选了大量实例,每个实例都提供了 MATLAB 程序,并进行了详细的注释,有助于读者真正理解这些算法和编程方法,把它们应用到自己的工作中来解决实际问题。因此,本书具有较强的实用性和可操作性,可以作为高等院校理工、管理、经济、金融等专业本科生、研究生的教材,也可以作为相关工作者的有益参考书和工具书。

图书在版编目(CIP)数据

MATLAB 机器学习实用教程 / 由伟编著. -- 北京:清华大学出版社,2024.11.
(高等院校计算机教育系列教材). -- ISBN 978-7-302-67475-7
Ⅰ. TP181
中国国家版本馆 CIP 数据核字第 2024YM9218 号

责任编辑:张 瑜
封面设计:李 坤
责任校对:孙艺雯
责任印制:宋 林

出版发行:清华大学出版社
   网 址:https://www.tup.com.cn, https://www.wqxuetang.com
   地 址:北京清华大学学研大厦 A 座   邮 编:100084
   社 总 机:010-83470000   邮 购:010-62786544
   投稿与读者服务:010-62776969, c-service@tup.tsinghua.edu.cn
   质量反馈:010-62772015, zhiliang@tup.tsinghua.edu.cn
   课件下载:https://www.tup.com.cn, 010-62791865
印 装 者:河北鹏润印刷有限公司
经 销:全国新华书店
开 本:185mm×260mm   印 张:15.5   字 数:378 千字
版 次:2024 年 11 月第 1 版   印 次:2024 年 11 月第 1 次印刷
定 价:59.00 元

产品编号:097983-01

前　言

近年来，机器学习技术逐渐普及，尤其是 2023 年上半年，随着 ChatGPT 的推出，很多人在日常生活中开始应用这项技术，它对人们的影响日益广泛、深入。而且，作为一项前沿技术，机器学习仍在不断发展，谷歌、微软、阿里巴巴、腾讯等知名企业和研究单位都在积极推动相关研究。很多普通用户也表现出对机器学习领域的兴趣，希望通过了解和应用这项技术来解决遇到的问题。

MATLAB 是实现机器学习的有力工具，其功能强大、丰富，而且易于学习，特别适合初学者使用。本书介绍了机器学习的典型算法和 MATLAB 编程方法，主要内容包括：线性回归、非线性回归、分类、聚类、人工神经网络、支持向量机、决策树、模糊逻辑、集成学习、半监督学习、强化学习、关联规则学习、深度学习、机器阅读和机器写作等。

本书具有以下特点。

(1) 内容新：介绍了当前最新、最典型的机器学习算法，包括其原理、特点和主要应用领域等，帮助读者全面了解它们。

(2) 实用性强：本书精选了大量实例，通过它们介绍使用每种机器学习算法解决问题的基本思路和具体步骤。这些实例都来自读者熟悉的领域，能引起他们的兴趣。

(3) 可操作性强：针对每个实例都提供了 MATLAB 程序，由作者编写并在 MATLAB 软件上运行通过。程序语句附有详细的注释，目的是帮助读者理解编程的思路，真正学会用 MATLAB 编写机器学习程序，解决实际问题。

(4) 全书语句简练：引导读者把主要精力用于学习 MATLAB 机器学习编程。

在写作过程中，作者参考了大量专家和同行的研究成果和资料，包括 MATLAB R2021a 版软件的帮助文档、相关著作、研究论文及网络上的程序、实例、交流讨论等，在此对他们表示衷心的感谢。在本书的选题策划、写作和出版过程中，清华大学出版社编辑给予了宝贵的帮助和支持。

鉴于作者学识有限，书中可能存在缺点和不足之处，恳请读者谅解并提出宝贵意见，以便在将来加以改进和完善。

编　者

目　　录

第 1 章

机器学习基础

近年来，"阿尔法狗"(AlphaGo)、自动驾驶、ChatGPT 等人工智能(AI)技术一次次在社会中引起轰动。人们见证了机器(以电脑为代表)智能化程度的显著提高和技能的不断增强。

人工智能(AI)之所以发展迅速，其中一个重要的原因就是它采用了机器学习技术。

1.1 机器学习概述

1.1.1 "机器学习"是什么

我们都知道，学习能力是人类区别于其他动物的一个重要特征，也是人类一项非常重要的能力。通过学习，人类可以提高自己的技能。

机器学习是人工智能的一个重要分支，通过让机器模拟或实现人类的学习行为，使其具备较强的学习能力，学习大量的新知识和新技能，从而解决很多复杂的问题。

机器学习是人工智能领域最具有智能特征的方面，是实现人工智能的核心和根本途径。所以，在人工智能领域中，机器学习是最前沿的分支之一，引起了学术界和产业界的广泛关注。

1.1.2 机器学习的流程

机器学习的实现方法：先收集一定量的数据或知识，然后建立学习模型，并通过算法让模型学习这些数据或知识。在学习的过程中，模型不断优化、改进和完善，直至具备较强的判断、决策等能力，从而可以解决实际问题。

机器学习的流程包括数据收集、建立学习模型、模型的学习(也叫训练)、模型的测试、模型的应用等步骤。数据就是已有的知识；学习模型的种类较多，一般根据待解决的问题来设计；学习就是模型从数据中寻找内在的联系，并据此对模型进行改进和优化；测试是检验模型的学习效果或性能；应用是利用训练好的模型来解决问题。整个机器学习的流程如图 1-1 所示。

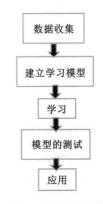

图 1-1　机器学习的流程

1.1.3　机器学习的类型

经过多年的发展，机器学习已具有多种算法，可以按不同的标准将其划分为不同的类别，其中比较常见的是按照学习方式划分，有以下几种。

1. 监督学习

在监督学习中，已知数据的输入和输出之间的关系，然后让计算机进行学习，得到最终的学习模型。

2. 无监督学习

无监督学习只有输入数据而没有对应的输出数据，所以不知道它们之间的关系。因此计算机需要自己探索这些数据之间的关系。

3. 半监督学习

半监督学习介于监督学习和无监督学习之间，只有部分数据的输入和输出之间的关系被明确，计算机需要根据这些信息探索全部数据之间的关系。

1.1.4　典型的机器学习算法

机器学习是通过特定的算法实现的，即学习模型的学习方法。在长期的研究过程中，研究者设计了多种机器学习算法，不同的算法有不同的特点，适用于解决不同的问题。

典型的机器学习算法及所属的类别如表 1-1 所示。

表 1-1　典型的机器学习算法及类别

典型的机器学习算法	类　别
回归	监督学习
人工神经网络	
支持向量机	
决策树	
朴素贝叶斯	
K 最近邻	
K 均值	无监督学习
高斯混合模型	
Apriori 算法	
半监督学习	半监督学习

1.2　机器学习的发展历程

机器学习经历了几十年的发展，整个历程可分为以下几个阶段。

高等院校计算机教育系列教材

1.2.1 早期阶段

机器学习的早期阶段是 20 世纪五六十年代。这个阶段属于机器学习的萌芽期,研究者对它进行了初步的探索,提出了机器学习的思想,初步建立了机器学习的理论和技术框架,为其未来的发展打下了一定的基础。比如,1958 年,罗森布拉特提出了感知器(perceptron)模型。

1.2.2 发展期

机器学习的发展期是 20 世纪八九十年代。在这个时期,机器学习取得了显著进步,出现了多种算法和模型,如决策树、隐马尔可夫模型等。同时,人工神经网络也在这个时期获得了重要的发展。

1980 年,在美国的卡内基梅隆大学(Carnegie Mellon University,CMU),研究者召开了第一届机器学习国际会议,这标志着机器学习成为一个专门的研究领域。不久后,机器学习领域的学术期刊 *Machine Learning* 开始出版。

在这个时期,机器学习也开始向实用化发展,在很多领域获得了实际应用,如回归分析、分类、语音识别、专家系统等。

到了 20 世纪 90 年代后期,随着电子技术的进步,机器学习得到了进一步的发展。

1.2.3 繁荣期

进入 21 世纪后,随着人工智能的兴起,机器学习开始进入繁荣期,其发展日益迅速。这个时期的机器学习具有以下几个特点。

(1) 一些新算法开始出现或开始广泛应用,如深度学习、强化学习、半监督学习等。

(2) 和其他技术的融合度加深。比如大数据技术、计算机硬件技术(如 GPU)等。

(3) 应用范围拓宽、加深。机器学习被日益应用于计算机视觉、自然语言处理等领域。Google、Microsoft 等国际知名企业都加快了对机器学习的研究,而且获得了相当好的商业应用价值,并取得了一些显著的成果,如 AlphaGo 击败世界围棋冠军、Tesla(特斯拉)的 Autopilot 自动驾驶系统把血栓病人送到医院等。

1.2.4 机器学习的现状和发展趋势

目前,机器学习的研究方向主要有以下几个。

1. 进一步研究人类的学习机制

在人类学习机制的基础上,开发性能更优异的机器学习算法。

2. 适应大数据的处理

当前,我们处于大数据时代,数据的量多、维度大,造成数据处理困难。这对机器学习来说是一个很大的挑战,需要从海量的数据中寻找隐含的、有价值的信息,而且要保证处理效率高、时间短。

3. 对新类型数据的处理

传统的机器学习算法处理的数据类型主要是数值型和符号型。但是，我们知道，人们使用和接触的数据类型还有其他种类，如文本、图形图像、声音，甚至多种电磁波等。传统的机器学习算法对这些新类型数据的处理能力有限，因此，对新类型数据的处理也是一个重要的研究方向和未来重要的发展趋势。

4. 对数据更广维度和更深层面的学习

传统的机器学习算法偏重学习数据的统计特征和数学特征。但是，人们还经常需要了解数据的其他维度，如感觉、知觉、情感和心理等，这些方面的研究有可能带来新的更广阔的应用场景。目前，深度学习等算法已经开始在这些方面进行尝试，而且取得了一些成果，但仍有很长的路要走。因此这也是机器学习在未来重要的发展趋势和研究热点。

1.3 机器学习的应用

机器学习的应用领域很广泛，主要有以下几种典型的领域。

1.3.1 数据挖掘

数据挖掘就是从大量数据中发现有价值的信息。这项技术在科学研究、企业经营管理、商务决策、市场营销等行业具有重要的应用价值和广阔的应用前景。著名的案例有"啤酒和尿布"的故事。

1.3.2 模式识别

模式识别就是让机器具有视觉、听觉、味觉、触觉等感知能力，使其能进行图像识别、语音识别、化学成分检测等，从而广泛应用在自动驾驶、智能机器人、安全技术等领域。

1.3.3 互联网和电子商务

互联网企业利用机器学习技术，可以向用户进行更有针对性的内容推送服务等，或者开发性能更好的搜索引擎，拦截垃圾短信、邮件、软件等。

1.3.4 电子游戏

机器学习在电子游戏中也有很好的应用前景，目前已经有很好的应用案例了。如《王者荣耀》《星际争霸 2》等都应用了机器学习技术。

1.3.5 金融领域

金融企业利用机器学习技术，可以进行市场分析、风险控制、产品开发、市场营销等工作。

1.4　MATLAB 和机器学习

1.4.1　MATLAB 软件

关于 MATLAB 软件，在本书作者的另一本著作《MATLAB 数据分析教程》中有比较详细的介绍，包括软件特点、功能、基本编程方法等，本书就不再赘述了。在这里需要说明的是：MATLAB 的版本在不断更新，经常会加入一些新的函数、新的功能。在本书中，使用的版本是 MATLAB R2021a。

1.4.2　MATLAB 在机器学习中的应用案例

目前，一些企业正通过 MATLAB 编程实现机器学习，并取得了很好的效果。其中，第一个案例是可口可乐公司：该公司的工程师用 MATLAB 软件开发了一种虚拟传感器，这种传感器就应用了机器学习算法。可口可乐公司在数千台饮料机上安装了这种虚拟传感器，大幅度地降低了成本，还显著提升了性能。

第二个案例是奔驰汽车公司：他们应用机器学习算法，通过 MATLAB 软件开发了虚拟传感器，这些传感器的应用可以提高车辆的安全性、运行效率和驾驶员的舒适度。奔驰汽车公司的工作人员介绍，使用 MATLAB 软件后，程序开发速度比以前提高了 6 倍，同时程序错误率也大幅度降低了。

第 2 章

线 性 回 归

回归分析是人们很熟悉的一种机器学习方法，它可以用一个明确的表达式(叫做回归方程或经验公式)揭示自变量和因变量间存在的关系，在科学研究、工业生产、商业等领域应用很广泛。

回归分析包括不同的类型，比如，按照自变量的数量，可以分为一元回归分析和多元回归分析；按照自变量和因变量间的关系，可以分为线性回归分析和非线性回归分析。

本章将介绍线性回归分析技术。在线性回归中，因变量和自变量间的关系是线性的，即直线关系。如果自变量只有一个，就叫做一元线性回归；如果自变量有多个，就叫做多元线性回归。

2.1　最小二乘法

2.1.1　概述

在 MATLAB R2021a 版本中，用最小二乘法(least-squares method)进行线性回归使用的函数是 fitlm。其调用方法如下：

```
mdl = fitlm(x,y)
```

其中，x 是自变量，y 是因变量。

下面通过实例介绍 fitlm 函数的使用方法。

2.1.2　一元线性回归案例与 MATLAB 编程

有的问题的自变量只有一个，对这种问题进行的线性回归分析就叫做一元线性回归分析。

例1：用最小二乘法对表 2-1 中的数据进行线性回归分析。

表 2-1　用于线性回归分析的数据

x	1	2	3	4	5	6	7	8
y	11.2	12.0	13.3	13.8	15.1	16.4	16.8	18.2

MATLAB 程序如下：

```
x = [1 2 3 4 5 6 7 8];
x = x';
% x为自变量矩阵。在MATLAB R2021a版本中，x的每一列表示一个自变量，所以进行转置
y = [11.2 12.0 13.3 13.8 15.1 16.4 16.8 18.2];
y = y';
% y是因变量，它的个数需要和x对应，所以也要进行转置
mdl = fitlm(x,y)
% 用 fitlm 函数建立线性回归模型
xnew = [2.5 6.8];
xnew = xnew';
yact = [12.5 16.8];
ynew = predict(mdl, xnew)
% predict 是预测函数，可以预测新的自变量对应的因变量
```

程序的运行结果如下：

```
mdl =
线性回归模型：
    y ~ 1 + x1
估计系数：
                Estimate     SE        tStat      pValue
                _____   _____   _____   _____

    (Intercept)  10.121    0.18523    54.644     2.5221e-09
    x1           0.99524   0.03668    27.133     1.656e-07
观测值数目：8，误差自由度：6
均方根误差：0.238
R 方：0.992，调整 R 方：0.991
F 统计量(常量模型)：736，p 值：1.66e-07
ynew =
   12.6095
   16.8890
```

程序的运行结果包含三方面的信息：线性回归模型、估计系数和模型的一些统计信息。

(1) "线性回归模型：y~1+x1"表示自变量 x 和因变量 y 之间的关系式的形式。1 表示截距，即常数项，x1 表示自变量。1 和 x1 的系数值在下面的"估计系数"中有详细讲解。

(2) "估计系数"包括 5 列。

第一列中，Intercept 表示截距 1，x1 表示自变量 x。

第二列中，Estimate 的两个值分别表示截距 1 和 x1 的系数值，其中，Intercept 的值是 10.121，x1 的系数值是 0.99524。所以，根据它们，我们可以知道 x 和 y 间的线性回归方程为 y = 10.121 + 0.99524x。

第三列中，SE 表示系数估计值的标准误差。

第四列中，tStat 表示系数的 t 统计量，tStat = Estimate / SE。比如，截距 1 的 t 统计量为 10.121 / 0.18523 ≈ 54.6402。

第五列中，pValue 是 t 统计量的 p 值。如果某项的 p 值小于 0.05，则说明它对因变

量的影响比较大；如果大于 0.05，说明它对因变量的影响比较小，可以忽略。

(3) 在"估计系数"下面，还有回归模型的一些统计信息。

另外，预测的自变量 xnew 的值分别为 2.5 和 6.8，它们对应的因变量的实际值 yact 分别为 12.5 和 16.8，回归模型的预测值如下：

```
ynew =
  12.6095
  16.8890
```

它们的相对误差分别为(12.6095 − 12.5) / 12.5 = 0.88%和(16.8890 − 16.8) / 16.8 = 0.53%。预测值和实际值比较接近，所以预测效果是令人满意的。

2.1.3 多元线性回归案例与 MATLAB 编程

有的问题有多个自变量，对这种问题进行的线性回归分析叫做多元线性回归分析。

例 2：用最小二乘法对表 2-2 中的数据进行多元线性回归分析。

表 2-2 用于多元线性回归分析的数据

x1	1	2	3	4	5	6	7	8	9	10
x2	3	2	4	1	5	6	8	9	10	7
x3	6	2	4	10	3	1	5	9	8	7
y	30	18	29	45	35	23	49	67	60	52

MATLAB 程序如下：

```
x1 = [1:10];
x2 = [3 2 4 1 5 6 8 9 10 7];
x3 = [6 2 4 10 3 1 5 9 8 7];
x = [x1
 x2
x3];
x = x';
y = [30 18 29 45 35 23 49 67 60 52];
y = y';
mdl = fitlm(x,y)
x1new = [2 8];
x2new = [6 7];
x3new = [10 6];
xnew = [x1new
        x2new
        x3new];
xnew = xnew';
yact = [49.8  48.6];
ynew = predict(mdl, xnew)
```

程序的运行结果如下：

```
mdl =
线性回归模型:
    y ~ 1 + x1 + x2 + x3
```

高等院校计算机教育系列教材

估计系数:

	Estimate	SE	tStat	pValue
(Intercept)	3.4111	2.9884	1.1414	0.29719
x1	0.83962	0.77557	1.0826	0.32057
x2	2.399	0.73923	3.2452	0.017571
x3	3.5594	0.42651	8.3454	0.00016081

观测值数目: 10, 误差自由度: 6
均方根误差: 3.54
R 方: 0.968, 调整 R 方: 0.953
F 统计量(常量模型): 61.5, p 值: 6.76e-05
ynew =
 55.0780
 48.2772

所以, 自变量和因变量间的回归方程是
$$y = 3.4111 + 0.83962x1 + 2.399x2 + 3.5594x3$$

两个预测值的实际值 yact = [49.8　48.6], 按照回归方程预测的值分别为 55.0780 和 48.2772, 相对误差分别为 10.60% 和 0.66%。

2.2　鲁棒线性回归

2.2.1　概述

2.1 节介绍的普通的最小二乘法有一个缺点, 就是对样本中的异常值比较敏感, 结果受它们的影响比较大, 所以容易出现"过拟合"现象, 对新数据的预测性能会比较差。而鲁棒线性回归(robust linear regression)对异常值不敏感, 可以避免这个缺点。

在 MATLAB R2021a 版本中, 进行鲁棒线性回归可以使用两个函数: robustfit 和 fitlm。

2.2.2　robustfit 函数的应用案例与 MATLAB 编程

robustfit 函数的调用方法如下:

```
b = robustfit(x,y)
```

下面通过实例介绍 robustfit 函数的使用方法。

例 1: 对 2.1.2 小节例 1 中的数据进行鲁棒线性回归分析。

MATLAB 程序如下:

```
x = [1 2 3 4 5 6 7 8];
x = x';
y = [11.2 12.0 13.3 13.8 15.1 16.4 16.8 18.2];
y = y';
b = robustfit(x,y)
```

运行结果如下:

```
b =
```

```
    10.1220
     0.9957
```

这两个值分别表示一元线性回归方程中的常数项和 x 的系数值。所以，回归方程为

$$y = 10.1220 + 0.9957x$$

用这个方程对 2.1.2 小节例 1 中的两个自变量的值 xnew = [2.5 6.8]进行预测，可以得到预测值分别为：12.6113 和 16.8928。与实际值 yact = [12.5 16.8]进行比较，可以得出二者的相对误差分别为：0.89%和 0.55%。虽然比 2.1.2 小节中用最小二乘法得到的预测值的相对误差都大(分别为 0.88%和 0.53%)，但是差距很小，没有体现出鲁棒线性回归的优势，这应该和本例使用的数据有关。

例 2：用鲁棒线性回归对 2.1.3 小节例 2 中的数据进行多元线性回归分析。

MATLAB 程序如下：

```
x1 = [1:10];
x2 = [3 2 4 1 5 6 8 9 10 7];
x3 = [6 2 4 10 3 1 5 9 8 7];
x = [x1
     x2
     x3];
x = x';
y = [30 18 29 45 35 23 49 67 60 52];
y = y';
b = robustfit(x,y)
```

运行结果如下：

```
b =
    3.3937
    0.8335
    2.4049
    3.5617
```

这四个值分别是回归方程的常数项和 x1、x2、x3 的系数值，即回归方程为

$$y = 3.3937 + 0.8335x1 + 2.4049x2 + 3.5617x3$$

用这个方程对 2.1.3 小节例 2 中的两组自变量(x1new = [2 8]; x2new = [6 7]; x3new = [10 6])的值进行预测，MATLAB 程序如下：

```
x1 = [2 8];
x2 = [6 7];
x3 = [10 6];
x = [x1
     x2
     x3];
x = x';
yact = [49.8  48.6]
y = 3.3937 + 0.8335* x1 + 2.4049*x2 + 3.5617*x3
```

得到预测结果如下：

```
y =
   55.1071   48.2662
```

上面的预测结果与因变量的实际值 yact = [49.8　48.6]比较，可以得到预测的相对误差分别为：10.66%和 0.69%。和本节例 1 情况相同，没有体现出鲁棒线性回归的优势。

2.2.3　fitlm 函数的应用案例与 MATLAB 编程

我们也可以利用 fitlm 函数进行鲁棒线性回归，只需要把其中的 RobustOpts 项设置为 on 即可。其调用方法如下：

```
mdlr = fitlm(x,y,'RobustOpts','on')
```

例 3：用 fitlm 函数对 2.1.2 小节例 1 中的数据进行鲁棒线性回归分析。

MATLAB 程序如下：

```
x = [1 2 3 4 5 6 7 8];
x = x';
y = [11.2 12.0 13.3 13.8 15.1 16.4 16.8 18.2];
y = y';
mdlr = fitlm(x,y,'RobustOpts','on')
```

运行结果如下：

```
mdlr =
线性回归模型 (稳健拟合)：
    y ~ 1 + x1
估计系数：
                 Estimate      SE         tStat       pValue
                 _____    _____    _____    _____

    (Intercept)   10.122     0.20648      49.023     4.8315e-09
    x1            0.99568    0.040888     24.351     3.1529e-07
观测值数目: 8，误差自由度: 6
均方根误差: 0.265
R 方: 0.99，调整 R 方: 0.988
F 统计量(常量模型): 593，p 值: 3.15e-07
```

所以，可得回归方程

$$y = 10.122 + 0.99568x$$

用上面这个方程对 2.1.2 小节例 1 中两个自变量的值 xnew = [2.5　6.8]进行预测。MATLAB 程序如下：

```
xnew = [2.5  6.8];
y = 10.122 + 0.99568*xnew
```

运行结果如下：

```
y =
  12.6112   16.8926
```

与实际值 yact = [12.5 16.8]进行比较，可以得出二者的相对误差分别为：0.89%和 0.55%，与用 robustfit 函数进行拟合的结果一样。

2.3 逐 步 回 归

2.3.1 概述

逐步回归(stepwise regression)是先建立一个初始的回归方程，然后用一定的标准检验方程中包含的项以及一些不包含的项(一般使用的标准是 F 统计的 p 值)，如果方程中包含的有些项的 p 值大于设定的阈值，就把其中 p 值最大的项删除；如果方程中不包含的有些项的 p 值小于设定的阈值，就把 p 值最小的项加入到方程中。反复进行多次这样的操作，直到不能再删除已有的项或添加新项为止，就得到了最终的回归方程，这个方程只包含对因变量最相关的项。

逐步回归法使用的函数是 stepwiselm。其调用方法如下：

```
mdl = stepwiselm(x,y)
```

它建立的初始回归方程是一个常数项。

2.3.2 基于默认值的逐步回归案例与 MATLAB 编程

例 1：对 2.1.3 小节例 2 中的数据进行逐步回归分析。
MATLAB 程序如下：

```
x1 = [1:10];
x2 = [3 2 4 1 5 6 8 9 10 7];
x3 = [6 2 4 10 3 1 5 9 8 7];
x = [x1
     x2
     x3];
x = x';
y = [30  18  29  45  35  23  49  67  60  52];
y = y';
mdl = stepwiselm(x,y)
```

运行结果如下：

```
1. 正在添加 x3, FStat = 14.8289, pValue = 0.00487182
2. 正在添加 x2, FStat = 58.1331, pValue = 0.000123736

mdl =
线性回归模型:
    y ~ 1 + x2 + x3
估计系数:
                 Estimate       SE        tStat        pValue

    (Intercept)    3.4111     3.0249     1.1277      0.29662
    x2             3.0732     0.40307    7.6245      0.00012374
    x3             3.7247     0.40307    9.2409      3.5913e-05
观测值数目: 10, 误差自由度: 7
均方根误差: 3.59
```

高等院校计算机教育系列教材

R 方：0.962，调整 R 方：0.952
F 统计量(常量模型)：89.4，p 值：1.04e-05

根据上述结果，可得到最终的回归方程是

$$y = 3.4111 + 3.0732x2 + 3.7247x3$$

可以看出，用逐步回归法得到的回归方程与用最小二乘法和鲁棒线性回归法得到的回归方程不一样：它不包含 x1 项。这是因为，根据检验结果，发现 x1 项对因变量 y 的影响比较小，因而删除了。

2.3.3　基于自己设置的标准值的逐步回归案例与 MATLAB 编程

用户可以自己设置删除项或添加项的标准值。用法也很简单，下面用实例介绍具体操作方法。

例 2：基于自己设置的标准值对 2.1.3 小节例 2 中的数据进行逐步回归分析。

MATLAB 程序如下：

```
x1 = [1:10];
x2 = [3 2 4 1 5 6 8 9 10 7];
x3 = [6 2 4 10 3 1 5 9 8 7];
x = [x1
     x2
     x3];
x = x';
y = [30  18  29  45  35  23  49  67  60  52];
y = y';
mdl = stepwiselm(x,y,'PEnter',0.06)
% 把 PEnter = 0.06 设置为删除或添加项的标准
```

运行结果如下：

```
1. 正在添加 x3, FStat = 14.8289, pValue = 0.00487182
2. 正在添加 x2, FStat = 58.1331, pValue = 0.000123736
mdl =
线性回归模型：
   y ~ 1 + x2 + x3
估计系数：
              Estimate    SE        tStat      pValue
              _____    _____    _____    _____

   (Intercept)  3.4111    3.0249    1.1277     0.29662
   x2           3.0732    0.40307   7.6245     0.00012374
   x3           3.7247    0.40307   9.2409     3.5913e-05
观测值数目：10，误差自由度：7
均方根误差：3.59
R 方：0.962，调整 R 方：0.952
F 统计量(常量模型)：89.4，p 值 = 1.04e-05
```

根据上述结果，可知最终得到的回归方程是

$$y = 3.4111 + 3.0732x2 + 3.7247x3$$

得到的方程和使用默认值得到的方程相同，本例只是为了介绍这个方法。读者在解决问题时，可以尝试自己设置标准值，就可以看出区别。

2.4 岭 回 归

2.4.1 概述

平时人们遇到的问题很多属于适定问题，这类问题的解有三个特点：一，解是存在的；二，解是唯一的；三，解是稳定的。

但是有时候，人们会遇到一些其他问题，这些问题的解不完全满足上面的三个要求，这类问题叫做不适定问题，它们一般没有精确解。

为了求解不适定问题，即得到它们的具有一定精度的、稳定的近似解，研究者提出了很多方法，其中很常用的一种方法叫做正则化，它是用与不适定问题相邻的适定问题的解去逼近原问题的解。

在回归分析中，人们也经常使用正则化方法，它可以有效地避免过拟合现象。其中，岭回归(ridge regression)就是一种正则化方法，它特别适合于解决共线性问题和病态数据较多的问题。

在 MATLAB R2021a 中，进行岭回归使用的函数是 ridge。其调用方法如下：

```
B = ridge(y, x, k)
```

在上面的语句中，B 是岭回归模型的系数，它的每列是一个岭参数 k。

2.4.2 岭回归案例与 MATLAB 编程

例 1：对 2.1.3 小节例 2 中的数据进行岭回归分析。

MATLAB 程序如下：

```
x1 = [1:10];
x2 = [3 2 4 1 5 6 8 9 10 7];
x3 = [6 2 4 10 3 1 5 9 8 7];
x = [x1
    x2
    x3];
x = x';
y = [30 18 29 45 35 23 49 67 60 52];
y = y';
k = 0:2e-4:5e-3;
B = ridge(y,x,k);
% 创建的回归模型没有常数项
B = B'
% 绘制岭轨迹图
plot(k,B,'LineWidth',4)
ylim([0 12])
grid on
xlabel('k','fontsize',25)
ylabel('Standardized Coefficient','fontsize',15)
% 设置坐标轴标注字号的大小
legend('x1','x2','x3','x1x2','x1x3','x2x3','fontsize',15)
```

```
set(gca,'FontSize',15)
% 设置坐标轴数字的大小
```

运行结果如下：

```
B =
    2.5421    7.2633   10.7765
    2.5426    7.2628   10.7762
    2.5430    7.2623   10.7759
    2.5435    7.2618   10.7756
    2.5440    7.2613   10.7753
    2.5445    7.2608   10.7750
    2.5449    7.2603   10.7747
    2.5454    7.2598   10.7744
    2.5459    7.2593   10.7740
    2.5464    7.2588   10.7737
    2.5468    7.2583   10.7734
    2.5473    7.2578   10.7731
    2.5478    7.2573   10.7728
    2.5482    7.2568   10.7725
    2.5487    7.2563   10.7722
    2.5492    7.2558   10.7719
    2.5497    7.2553   10.7716
    2.5501    7.2548   10.7713
    2.5506    7.2543   10.7710
    2.5511    7.2538   10.7706
    2.5516    7.2533   10.7703
    2.5520    7.2528   10.7700
    2.5525    7.2523   10.7697
    2.5530    7.2518   10.7694
    2.5534    7.2513   10.7691
    2.5539    7.2509   10.7688
```

生成的岭轨迹图如图 2-1 所示。

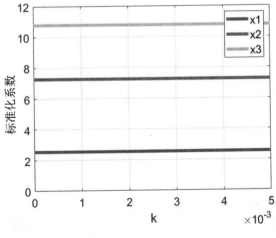

图 2-1　岭轨迹图

从 B 的结果和岭轨迹图中可以看出，第一个岭参数 k 逐渐增加，第二和第三个岭参数

k 逐渐减小。在坐标轴的最右端，即 $k = 5×10^{-3}$ 时，对应的三个系数值分别为：2.5539、7.2509、10.7688。利用它们可以预测新值。

MATLAB 程序如下：

```
B = [2.5539 7.2509 10.7688];
B = B';
xnew = [2 6 10];
ynew = xnew*B
```

运行结果如下：

```
ynew =
  156.3012
```

本例的目的是介绍岭回归的编程方法，读者可以进一步分析预测结果的精度。

2.5   Lasso 回归和弹性网回归

2.5.1   概述

Lasso 回归也是一种正则化方法，它可以减少回归方程中项的数量，只保留最重要的项，这与 2.3 节中介绍的逐步回归法很像，也是一种很好的降维方法。
进行 Lasso 回归使用的函数是 lasso。其调用方法如下：

```
B = lasso(x, y)
```

2.5.2   Lasso 回归案例与 MATLAB 编程

例 1：对表 2-3 中的数据进行 Lasso 回归分析。

表 2-3   用于 lasso 回归分析的数据

x1	3	5	9	13	19
x2	2	8	14	16	20
x3	1	3	6	10	16
y	50	75	110	150	210

MATLAB 程序如下：

```
x1 = [3 5 9 13 19];
x2 = [2 8 14 16 20];
x3 = [1 3 6 10 16];
x1 = x1';
x2 = x2';
x3 = x3';
x = [x1 x2 x3];
y = [50 75 110 150 210];
y = y';
lambda = 1e-03;
```

```
% 设置 lambda 的值
B = lasso(x,y,'Lambda',lambda,'Intercept',false)
% 创建没有常数项的回归方程。根据 lambda 的值找到对应的系数值
xnew = [10 15 8
    12 12 15];
ynew = xnew*B
% 预测新数据
```

运行结果如下:

```
B =
  21.0281
  -0.5641
 -11.2248
ynew =
 112.0206
  77.1952
```

本例主要介绍 Lasso 回归的编程方法,读者可以比较它和其他方法的预测精度。

2.5.3 弹性网回归案例与 MATLAB 编程

弹性网回归(elastic net regression)综合了岭回归和 Lasso 回归两种方法的优点:它可以减少回归方程中的项数,同时也适合处理共线性问题。

可以使用 lasso 函数进行弹性网回归,只需要把其中的 Alpha 值设置为 0～1 之间的某个值就可以了。其调用方法如下:

```
B = lasso(x,y, 'Alpha',Value)
```

例 2: 对 2.5.2 小节例 1 中的数据进行弹性网回归分析。

MATLAB 程序如下:

```
x1 = [3 5 9 13 19];
x2 = [2 8 14 16 20];
x3 = [1 3 6 10 16];
x1 = x1';
x2 = x2';
x3 = x3';
x = [x1 x2 x3];
y = [50 75 110 150 210];
y = y';
lambda = 1e-03;
B = lasso(x,y,'Alpha',0.75,'Lambda',lambda)
% 设置 lambda 的值(一般取使交叉验证预测错误率最小的值),并找到对应的系数值
xnew = [10 15 8
    12 12 15];
ynew = xnew*B
% 预测新数据
```

运行结果如下:

```
B =
   1.9398
```

```
    0.9375
    7.4609
ynew =
   93.1474
  146.4406
```

本例主要介绍弹性网回归的编程方法，读者可以比较它和 Lasso 回归等方法的预测精度。

2.6　逻　辑　回　归

2.6.1　概述

逻辑回归(logistic regression)是一种广义线性回归算法，它和多重线性回归分析有很多相同点，主要区别是：逻辑回归使用 logistic 函数得到因变量的值——这个值是一个概率。所以，逻辑回归因变量的值的范围在 0~1 之间。

逻辑回归可以根据事件的影响因素，估计某个事件发生的概率或可能性。比如，根据患者的年龄、生活方式等因素，判断他将来患病的概率；根据产品的质量、价格、售后服务等因素，判断客户未来继续购买产品的概率；或者根据互联网用户的年龄、性别、职业等因素，判断其购买某种商品、打开某个网页或点击某个广告的概率。逻辑回归在数据挖掘、疾病诊断、经济、金融、互联网、电子商务等领域的应用很广泛。

2.6.2　逻辑回归预测案例与 MATLAB 编程

在 MATLAB R2021a 版本中，进行逻辑回归预测使用的函数是 glmfit。其调用方法如下：

```
b = glmfit(x, y, distr, link)
```

其中，b 是逻辑回归模型的系数；distr 指因变量 y 的分布类型，常见的有正态分布(normal)、二项分布(binomial)、泊松分布(Poisson)等；link 指模型的连接函数，常见的有 logit、probit 等。

例 1： 每天的上网时间(小时，用 x 表示)与发生注意力不集中的概率(用 y 表示)存在表 2-4 中的关系。

表 2-4　上网时间(小时)与发生注意力不集中的概率的关系

x	1	2	3	4	5	6	7	8	9	10
y	0.02	0.04	0.06	0.08	0.25	0.40	0.60	0.85	0.95	0.96

对它们进行逻辑回归分析，并针对不同的上网时间预测发生注意力不集中的概率。MATLAB 程序如下：

```
x = [1:1:10];
x = x';
y = [0.02   0.04   0.06   0.08   0.25   0.40   0.60   0.85   0.95   0.96];
```

高等院校计算机教育系列教材

```
y = y';
plot(x,y,'r.','markersize',30)
% 绘制数据的散点图
xlabel('x','fontsize',15)
ylabel('y','fontsize',15)
% 设置坐标轴标注字号的大小
set(gca,'FontSize',15)
% 设置坐标轴数字的大小

f = glmfit(x,y,'binomial','link','logit')
% 进行逻辑回归
yfit = glmval(f,x,'logit')
% glmval 函数的作用是计算各个训练数据的值
figure(2)
plot(x,y,'r.','markersize',30)
hold on
plot(x,yfit,'ro','markersize',10)
% 把训练数据的计算值绘入散点图中，观察逻辑回归的效果
hold on
plot(x,yfit,'-','linewidth',4)
xlabel('x','fontsize',15)
ylabel('y','fontsize',15)
% 设置坐标轴标注字号的大小
set(gca,'FontSize',15)
% 设置坐标轴数字的大小

xnew = [2.5  5.5  8.5]';
ynew = glmval(f,xnew,'logit')
% 预测新数据

figure(3)
plot(x,y,'r.','markersize',30)
hold on
plot(x,yfit,'ro','markersize',10)
hold on
plot(x,yfit,'-','linewidth',4)
hold on
plot(xnew,ynew,'r*','markersize',20)
xlabel('x','fontsize',15)
ylabel('y','fontsize',15)
% 设置坐标轴标注字号的大小
set(gca,'FontSize',15)
% 设置坐标轴数字的大小
```

运行结果如下：

```
f =
  -5.6030
   0.8880
yfit =
   0.0089
   0.0213
   0.0503
```

```
        0.1139
        0.2381
        0.4316
        0.6486
        0.8177
        0.9160
        0.9636
ynew =
        0.0328
        0.3276
0.8749
```

在上面的结果中，f 是逻辑回归模型的系数；yfit 是逻辑回归模型对训练样本计算得到的发生注意力不集中的概率；ynew 是用逻辑回归模型对 3 个上网时间(2.5 小时、5.5 小时、8.5 小时)预测得到的发生注意力不集中的概率。图 2-2～图 2-4 分别是训练样本的散点图、逻辑回归的结果和对新数据的预测结果图。

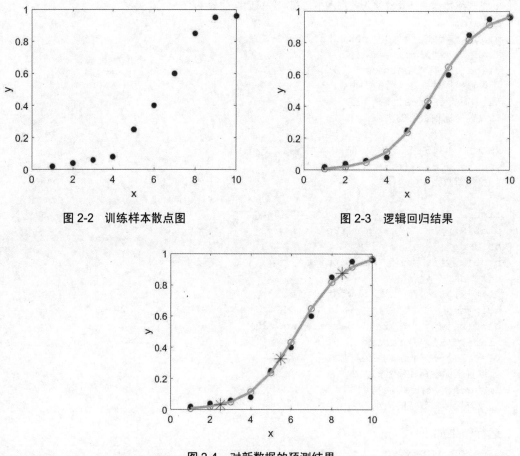

图 2-2　训练样本散点图　　　　图 2-3　逻辑回归结果

图 2-4　对新数据的预测结果

2.6.3　逻辑回归分类案例与 MATLAB 编程

逻辑回归也可以用来解决分类问题，判断样本属于某种类别或属于某种情况的概率有多大。

进行逻辑回归分类使用的函数是 mnrfit。其调用方法如下：

```
B = mnrfit(x,y)
```

其中，B 是逻辑回归模型的系数。

例 2： 表 2-5 中的自变量 x1、x2、x3 对应的样本分别属于因变量 y 中的各个类别，对它们进行逻辑回归分类分析。

表 2-5　用于逻辑回归分类分析的数据样本

x1	1	2	3	4	5	6	7	8	9	10
x2	10	9	8	7	6	5	4	3	2	1
x3	2	4	6	8	10	12	14	16	18	20
y	1	2	3	1	2	3	1	2	3	1

MATLAB 程序如下：

```
x1 = [7 8 9 10 1  2 3 4 5 6];
x2 = [10 9 8 7 6 5 4 3 2 1];
x3 = [8 10 12  2 4 6 14 16 18 20];
x = [x1
  x2
  x3];
x = x';
y = [1 2 3 1 2 3 1 2 3 1];
y = y';
f = mnrfit(x,y,'model','hierarchical' )
```

运行结果如下：

```
f =
 1.0e + 03 *
 -0.0001   -1.4770
  0.0003   -0.1846
 -0.0002    0.2256
 -0.0001    0.1026
```

即：

```
 -0.1   -1477.0
  0.3    -184.6
 -0.2     225.6
 -0.1     102.6
```

对结果的说明如下。

f 的第一列包括截距和模型的系数值，可以利用它们估计样本属于类别 1 还是属于类别 2 或类别 3 的相对概率；第二列的数据可以用来估计样本属于类别 2 还是属于类别 3 的相对概率。具体计算公式为

ln(样本属于类别 1 还是属于类别 2 或类别 3 的相对概率)

= −0.1 + 0.3 × 影响因素 1 − 0.2 × 影响因素 2 − 0.1 × 影响因素 3

ln(样本属于类别 2 还是属于类别 3 的相对概率)

= −1477.0 − 184.6 × 影响因素 1 + 225.6 × 影响因素 2 + 102.6 × 影响因素 3

比如，0.3 表示在其他影响因素不变时，如果影响因素 1 的值增加 1，那么，样本属于类别 1 相对于属于类别 2 或类别 3 的相对概率会增加 $e^{0.3} = 1.3499$ 倍。

可以利用上述公式预测新数据属于某个类别的相对概率。比如：某样本的 x1 = 3, x2 = 8, x3 = 6，那么

$$\ln(\text{样本属于类别 1 还是属于类别 2 或类别 3 的相对概率}) = -0.1 + 0.3 \times 3 - 0.2 \times 8 - 0.1 \times 6 = -1.4$$

则，样本属于类别 1 还是属于类别 2 或类别 3 的相对概率为 $e^{-1.4} = 0.2466$。

所以，样本更可能属于类别 2 或类别 3，到底更可能属于类别 2 还是类别 3，进一步用下式进行计算：

$$\ln(\text{样本属于类别 2 还是属于类别 3 的相对概率}) = -1477.0 - 184.6 \times 3 + 225.6 \times 8 + 102.6 \times 6 = 389.6$$

则，样本属于类别 2 还是属于类别 3 的相对概率为 $e^{389.6} = 1.5890e + 169$

可见，样本属于类别 2 的相对概率远远大于属于类别 3 的相对概率。

例 3：年龄和月收入对上班方式(骑车 1，乘坐公共汽车 2)的影响的调查数据如表 2-6 所示。

表 2-6　年龄和月收入对上班方式的影响调查数据

年龄	18	21	23	23	28	31	36	42	46
月收入	850	1200	850	950	1200	850	1500	1000	950
上班方式	2	2	1	1	1	2	1	1	1
年龄	48	55	56	58	18	20	25	27	28
月收入	1200	1800	2100	1800	850	1000	1200	1300	1500
上班方式	2	1	1	1	2	2	2	2	2

对它们进行逻辑回归分类分析。

MATLAB 程序如下：

```
x1 = [18 21 23 23 28 31 36 42 46  48 55 56 58 18 20 25 27 28];
x2 = [850 1200 850 950 1200 850 1500 1000 950 1200 1800 2100 1800 850
1000 1200 1300 1500];
x = [x1
  x2];
x = x';
y = [2 2 1 1 1 2 1 1 1  2 1 1 1 2 2 2 2 2];
y = y';
f = mnrfit(x,y,'model','hierarchical' )
```

运行结果如下：

```
f =
  -3.1183
   0.1100
  -0.0004
```

对结果的说明如下。

f 包括模型的截距和系数值，可以利用它们估计样本属于类别 1 还是属于类别 2 的相

对概率。具体计算公式为

$$\ln(\text{样本属于类别 1 还是属于类别 2 的相对概率})$$
$$= -3.1183 + 0.11 \times \text{影响因素 1} - 0.0004 \times \text{影响因素 2}$$

可以利用上述公式预测新数据属于某个类别的相对概率。比如：某样本的 x1 = 43，x2 = 850，那么

$$\ln(\text{样本属于类别 1 还是属于类别 2 的相对概率})$$
$$= -3.1183 + 0.11 \times 43 - 0.0004 \times 850 = 1.2717$$

则，样本属于类别 1 还是属于类别 2 的相对概率为 $e^{1.2717} = 3.5669$。

所以，样本属于类别 1 的相对概率大于属于类别 2 的相对概率，因而更可能属于类别 1。

第 3 章

非线性回归

在很多问题中，自变量和因变量之间存在的并不是简单的线性关系，而是比较复杂的非线性关系，研究非线性关系就需要进行非线性回归。

MATLAB R2021a 中提供了多种非线性回归方法，如多项式曲线拟合、指数函数曲线拟合、幂函数曲线拟合、多元非线性函数曲线拟合、曲面拟合、样条拟合等。

3.1 多项式曲线拟合

3.1.1 概述

进行多项式曲线拟合(polynomial curve fitting)使用的函数是 fit。其调用方法如下：

```
fitobject = fit(x, y, fitType)
```

fitType 的作用是可以选择使用的模型，比如 poly1 指线性多项式曲线， poly2 指二次多项式曲线，poly3 指三次多项式曲线，最高可以拟合九次多项式曲线。

3.1.2 多项式曲线拟合案例与 MATLAB 编程

例 1：钻石作为一种稀缺商品，其价格和重量之间并非简单的线性关系，而是呈比较复杂的非线性关系。表 3-1 是钻石的重量(克拉)与价格(万元)的对应关系(不考虑钻石的其他品质)。

表 3-1　钻石的重量与价格的对应关系

重量(克拉)	0.1	0.3	0.5	1	2	3	4	5
价格(万元)	0.04	0.4	1.18	6	25.8	68	100	150

下面对钻石的重量和价格的关系进行多项式曲线拟合。

MATLAB 程序如下：

```
x = [0.1 0.3 0.5 1 2 3 4 5];
x = x';
y = [0.04 0.4 1.18 6 25.8 68 100 150];
y = y';
```

```
% y 必须是列向量
plot(x,y,'r.','markersize',30)
% 绘制重量和价格的散点图
xlabel('Weight','fontsize',15)
ylabel('Price','fontsize',15)
% 设置坐标轴标注字号的大小
set(gca,'FontSize',15)
% 设置坐标轴数字的大小
```

生成的重量和价格对应关系的散点图如图 3-1 所示。

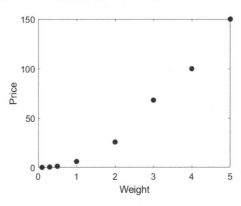

图 3-1　重量和价格对应关系的散点图

进行二次多项式曲线拟合。MATLAB 程序如下：

```
x = [0.1 0.3 0.5 1 2 3 4 5];
x = x';
y = [0.04 0.4 1.18 6 25.8 68 100 150];
y = y';
% y 必须是列向量
y2 = fit(x,y,'poly2')
% 进行二次多项式曲线拟合
```

运行结果如下：

```
y2 =
    Linear model Poly2:
    y2(x) = p1*x^2 + p2*x + p3
    Coefficients (with 95% confidence bounds):
      p1 =      4.73  (3.003, 6.457)
      p2 =     7.127  (-1.525, 15.78)
      p3 =    -2.961  (-10.37, 4.448)
```

从上面的数据中，可以看出，表示钻石的重量和价格间关系的二次多项式公式为

$$y = 4.73x^2 + 7.127x - 2.961$$

绘图观察拟合效果。MATLAB 程序如下：

```
x = [0.1 0.3 0.5 1 2 3 4 5];
x = x';
y = [0.04 0.4 1.18 6 25.8 68 100 150];
y = y';
% y 必须是列向量
```

```
plot(x,y,'r.','markersize',30)
% 绘制重量和价格对应关系的散点图
xlabel('Weight','fontsize',15)
ylabel('Price','fontsize',15)
% 设置坐标轴标注字号的大小
set(gca,'FontSize',15)
% 设置坐标轴数字的大小
hold on
x = 0:0.1:5;
y = 4.73*x.^2 + 7.127*x - 2.961;
plot(x,y,'linewidth',4)
```

二次多项式曲线拟合效果如图 3-2 所示。

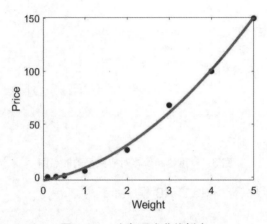

图 3-2 二次多项式曲线拟合

再进行四次多项式曲线拟合。MATLAB 程序如下：

```
x = [0.1 0.3 0.5 1 2 3 4 5];
x = x';
y = [0.04 0.4 1.18 6 25.8 68 100 150];
y = y';
% y 必须是列向量
y4 = fit(x,y,'poly4')
```

运行结果如下：

```
y4 =
    Linear model Poly4:
    y2(x) = p1*x^4 + p2*x^3 + p3*x^2 + p4*x + p5
    Coefficients (with 95% confidence bounds):
      p1 =      0.3572  (-0.9418, 1.656)
      p2 =      -4.328  (-17.56, 8.906)
      p3 =       21.64  (-21.73, 65)
      p4 =      -15.27  (-65.35, 34.8)
      p5 =       2.656  (-11.51, 16.82)
```

从上面的数据中，可得到表示钻石的重量和价格间关系的四次多项式公式为

$$y = 0.3572x^4 - 4.328x^3 + 21.64x^2 - 15.27x + 2.656$$

绘图观察拟合效果。MATLAB 程序如下：

```
x = [0.1 0.3 0.5 1 2 3 4 5];
x = x';
y = [0.04 0.4 1.18 6 25.8 68 100 150];
y = y';
% y 必须是列向量
plot(x,y,'r.','markersize',30)
% 绘制重量和价格对应关系的散点图
xlabel('Weight','fontsize',15)
ylabel('Price','fontsize',15)
% 设置坐标轴标注字号的大小
set(gca,'FontSize',15)
% 设置坐标轴数字的大小
hold on
x = 0:0.1:5;
y = 0.3572*x.^4-4.328*x.^3 + 21.64*x.^2 -15.27*x + 2.656;
plot(x,y,'linewidth',4)
```

四次多项式曲线拟合效果如图 3-3 所示。

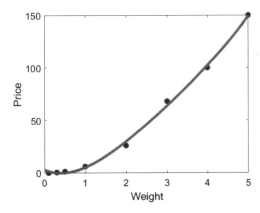

图 3-3　四次多项式曲线拟合效果

3.2　典型函数曲线拟合

3.2.1　指数函数曲线拟合案例与 MATLAB 编程

进行指数函数曲线拟合也使用 fit 函数，把其中的 fitType 设置为 exp1。其调用方法如下：

```
f = fit(x,y,'exp1')
```

例 1：对表 3-2 中 x 和 y 对应的数据进行指数函数曲线拟合。

表 3-2　用于指数函数曲线拟合的数据

x	0	1	2	3	4	5	6	7	8	9	10
y	1	2	5	10	15	20	30	50	100	150	200

MATLAB 程序如下：

```
x = [0 1 2 3 4 5 6 7 8 9 10];
x = x';
y = [1 2 5 10 15 20 30 50 100 150 200];
y = y';
f = fit(x,y,'exp1')
% 对 x, y 进行指数函数曲线拟合
```

运行结果如下：

```
f =
    General model Exp1:
    f(x) = a*exp(b*x)
    Coefficients (with 95% confidence bounds):
     a =      2.979  (1.411, 4.547)
     b =      0.425  (0.3685, 0.4814)
```

在上面的运行结果中，f(x) = a*exp(b*x)为 x 和 y 的函数关系式，并列出了系数 a 和 b 的值。所以，x 和 y 的函数关系式为

$$y = 2.979e^{0.425x}$$

绘图观察拟合效果。MATLAB 程序如下：

```
x = [0 1 2 3 4 5 6 7 8 9 10];
x = x';
y = [1 2 5 10 15 20 30 50 100 150 200];
y = y';
plot(x,y,'r.','markersize',30)
% 绘制 x 和 y 的散点图
xlabel('x','fontsize',15)
ylabel('y','fontsize',15)
% 设置坐标轴标注字号的大小
set(gca,'FontSize',15)
% 设置坐标轴数字的大小
hold on
x = 0:0.1:10;
y = 2.979*exp(0.425*x);
plot(x,y,'linewidth',4)
```

x 和 y 的指数函数曲线拟合效果如图 3-4 所示。

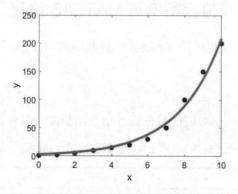

图 3-4　指数函数曲线拟合效果

3.2.2 幂函数曲线拟合案例与 MATLAB 编程

进行幂函数曲线拟合使用的函数也是 fit，把其中的 fitType 设置为 power1 或 power2，它们分别代表 $y = ax^b$ 和 $y = ax^b + c$ 形式的幂函数。其调用方法如下：

```
f = fit(x,y,' power1')
```

或

```
f = fit(x,y,' power2')
```

例 2：对表 3-3 中 x 和 y 对应的数据进行幂函数曲线拟合。

表 3-3 用于幂函数曲线拟合的数据

x	1	2	3	4	5	6	7
y	1	10	20	50	100	200	500

MATLAB 程序如下：

```
x = [1 2 3 4 5 6 7];
x = x';
y = [1 10 20 50 100 200 500];
y = y';
f = fit(x,y,'power2')
```

运行结果如下：

```
f =
    General model Power2:
    f(x) = a*x^b + c
    Coefficients (with 95% confidence bounds):
        a =  0.008235  (-0.01296, 0.02943)
        b =  5.641     (4.318, 6.964)
        c =  14.36     (-8.652, 37.37)
```

从结果可以看出，x 和 y 的函数关系式为

$$y = 0.008235x^{5.641} + 14.36$$

绘图观察拟合效果。MATLAB 程序如下：

```
x = [1 2 3 4 5 6 7];
x = x';
y = [1 10 20 50 100 200 500];
y = y';
plot(x,y,'r.','markersize',30)
% 绘制 x 和 y 的散点图
xlabel('x','fontsize',15)
ylabel('y','fontsize',15)
% 设置坐标轴标注字号的大小
set(gca,'FontSize',15)
% 设置坐标轴数字的大小
hold on
x = 0:0.1:7;
y = 0.008235*x.^5.641 + 14.36;
```

```
plot(x,y,'linewidth',4)
```

x 和 y 的幂函数曲线拟合效果如图 3-5 所示。

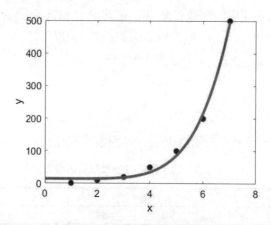

图 3-5　幂函数曲线拟合效果

3.2.3　傅里叶函数曲线拟合案例与 MATLAB 编程

进行傅里叶(Fourier)函数曲线拟合也使用 fit 函数，把其中的 fitType 设置为 fourier1、fourier2、…，最高可以到 fourier8。其调用方法如下：

```
f = fit(x,y,' fourier1')
```

fitType 为 fourier1 代表的函数形式为

$$y = a0 + a1 \times \cos(wx) + b1 \times \sin(wx)$$

fitType 为 fourier8 代表的函数形式为

$$y = a0 + a1 \times \cos(wx) + b1 \times \sin(wx) + ... + a8 \times \cos(8wx) + b8 \times \sin(8wx)$$

例 3：对下面的 x 和 y 对应的数据进行傅里叶函数曲线拟合。

```
x = [1:5:100];
y = [10 9 9 10 7 12 8 10 11 8 12 8 10 10 8 12 8 11 10  9];
```

MATLAB 程序如下：

```
x = [1:5:100];
x = x';
y = [10 9 9 10 7 12 8 10 11 8 12 8 10 10 8 12 8 11 10  9];
y = y';
f = fit(x,y,'fourier1')
```

运行结果如下：

```
f =
    General model Fourier1:
    f(x) = a0 + a1*cos(x*w) + b1*sin(x*w)
    Coefficients (with 95% confidence bounds):
     a0 =     9.589  (9.334, 9.844)
     a1 =    0.7524  (0.1341, 1.371)
     b1 =     1.892  (1.451, 2.333)
     w =     0.5143  (0.5087, 0.5198)
```

从上面的结果中可以看出，拟合得到的 x 和 y 的函数关系式为
$$y = 9.589 + 0.7524\cos(0.5143x) + 1.892\sin(0.5143x)$$
绘图观察拟合效果。MATLAB 程序如下：

```
x = [1:5:100];
x = x';
y = [10 9 9 10 7 12 8 10 11 8 12 8 10 10 8 12 8 11 10 9];
y = y';
plot(x,y,'r.','markersize',30)
% 绘制 x 和 y 的散点图
ylim([5,15])
xlabel('x','fontsize',15)
ylabel('y','fontsize',15)
% 设置坐标轴标注字号的大小
set(gca,'FontSize',15)
% 设置坐标轴数字的大小
hold on
x = 0:1:100;
y = 9.589 + 0.7524*cos(x.*0.5143) + 1.892*sin(x.*0.5143);
plot(x,y,'linewidth',4)
```

x 和 y 的傅里叶函数曲线拟合效果如图 3-6 所示。

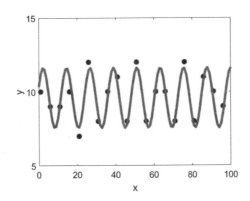

图 3-6　傅里叶函数曲线拟合效果

3.2.4　高斯函数曲线拟合案例与 MATLAB 编程

进行高斯(Gaussian)函数曲线拟合使用的函数也是 fit，把其中的 fitType 设置为 gauss1、gauss2、…，最高可以到 gauss8。fitType 为 gauss1 的调用方法如下：

```
f = fit(x,y,'gauss1')
```

fitType 为 gauss1 代表的表达式形式为
$$y = a1 \times e^{-[(x-b1)/c1]^2}$$
例 4：对下面的 x 和 y 对应的数据进行高斯函数曲线拟合。

```
x = [1:1:10];
y = [0  0  0  0  0.3  3  20  70  150  200];
```

MATLAB 程序：

```
x = [1:1:10];
x = x';
y = [0    0    0    0    0.3    3    20    70    150    200];
y = y';
f = fit(x,y,'gauss1')
```

运行结果如下：

```
f =
    General model Gauss1:
    f(x) = a1*exp(-((x-b1)/c1)^2)
    Coefficients (with 95% confidence bounds):
    a1 =      200.4  (199.7, 201.1)
    b1 =       10.1  (10.08, 10.12)
    c1 =      2.042  (2.023, 2.06)
```

根据上面的结果，可以得到 x, y 间的函数关系式为

$$y = 200.4\,e^{-[(x-10.1)/2.042]^2}$$

绘图观察拟合效果。MATLAB 程序如下：

```
x = [1:1:10];
x = x';
y = [0    0    0    0    0.3    3    20    70    150    200];
y = y';
plot(x,y,'r.','markersize',30)
% 绘制 x 和 y 的散点图
xlabel('x','fontsize',15)
ylabel('y','fontsize',15)
% 设置坐标轴标注字号的大小
set(gca,'FontSize',15)
% 设置坐标轴数字的大小
hold on
x = 0:0.1:10;
y = 200.4*exp(-((x-10.1)/2.042).^2);
plot(x,y,'linewidth',4)
```

x 和 y 的高斯函数曲线拟合效果如图 3-7 所示。

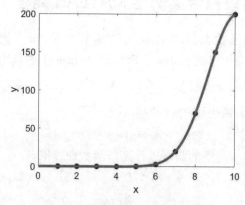

图 3-7　高斯函数曲线拟合效果

高等院校计算机教育系列教材

3.3 曲面拟合、插值和样条拟合

3.3.1 曲面拟合案例与 MATLAB 编程

曲面拟合(surface fitting)属于多元非线性拟合，使用的函数是 fit，把其中的 fitType 设置为 poly21、poly13 或 poly55。其调用方法分别如下：

```
f = fit(x,y,' poly21 ')
f = fit(x,y,' poly13 ')
f = fit(x,y,' poly55 ')
```

fitType 为 poly21 代表的表达式形式为

$$Z = p00 + p10x + p01y + p20x^2 + p11xy$$

fitType 为 poly13 代表的表达式形式为

$$Z = p00 + p10x + p01y + p11xy + p02y^2 + p12xy^2 + p03y^3$$

fitType 为 poly55 代表的表达式形式为

$$Z = p00 + p10x + p01y + ... + p14xy^4 + p05y^5$$

例 1：对下面的 x, y 和 z 对应的数据进行曲面拟合(x 和 y 为自变量，z 为因变量)。

```
x = [1 1 1 1 1 2 2 2 2 2  3 3 3 3 3 4 4 4 4 4 5 5 5 5 5];
y = [1 2 3 4 5 1 2 3 4 5 1 2 3 4 5 1 2 3 4 5 1 2 3 4 5];
z = [2 2 3 4 4 3 4 5 6 7 5 6 8 9 11 8 9 11 13 15 11 13 15 17 20];
```

MATLAB 程序如下：

```
x = [1 1 1 1 1 2 2 2 2 2  3 3 3 3 3 4 4 4 4 4 5 5 5 5 5];
x = x';
y = [1 2 3 4 5 1 2 3 4 5 1 2 3 4 5 1 2 3 4 5 1 2 3 4 5];
y = y';
z = [2 2 3 4 4 3 4 5 6 7 5 6 8 9 11 8 9 11 13 15 11 13 15 17 20];
z = z';
f = fit([x, y], z, 'poly21')
```

运行结果如下：

```
Linear model Poly21:
    f(x,y) = p00 + p10*x + p01*y + p20*x^2 + p11*x*y
    Coefficients (with 95% confidence bounds):
     p00 =        0.9 (0.08388, 1.716)
     p10 =     -0.1114 (-0.578, 0.3552)
     p01 =       0.22 (0.02414, 0.4159)
     p20 =     0.3286 (0.258, 0.3992)
     p11 =        0.4 (0.3409, 0.4591)
```

从结果中可以得出拟合的函数关系式为

$$z = 0.9 - 0.1114x + 0.22y + 0.3286x^2 + 0.4xy$$

绘图观察拟合效果。MATLAB 程序如下：

```
x = [1 1 1 1 1 2 2 2 2 2  3 3 3 3 3 4 4 4 4 4 5 5 5 5 5];
```

```
x = x';
y = [1 2 3 4 5 1 2 3 4 5 1 2 3 4 5  1 2 3 4 5 1 2 3 4 5];
y = y';
z = [2 2  3 4 4 3 4 5 6 7 5 6 8 9 11 8  9 11 13 15 11 13 15 17 20];
z = z';
plot3(x,y,z,'r.','markersize',30)
grid on
% 绘制 x, y 和 z 的散点图
hold on
x = 0:0.1:5;
y = 0:0.1:5;
[x,y] = meshgrid(x,y);
z = 0.9-0.1114*x + 0.22*y + 0.3286*x.^2 + 0.4*x.*y;
mesh(x,y,z)
xlabel('x','fontsize',15)
ylabel('y','fontsize',15)
zlabel('z','fontsize',15)
% 设置坐标轴标注字号的大小
set(gca,'FontSize',15)
% 设置坐标轴数字的大小
```

x、y 和 z 的曲面拟合效果如图 3-8 所示。

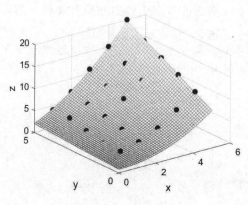

图 3-8　曲面拟合效果

3.3.2　插值案例与 MATLAB 编程

有时候，人们搜集的数据比较少，为了发现它们之间的规律，经常在这些数据中加入一些值，这就是插值(interpolation)。插值的方法有很多种，其中，常用的一种是线性插值，使用的函数是 fit，需要把其中的 fitType 设置为 linearinterp。其调用方法如下：

```
f = fit(x,y,' linearinterp ')
```

例 2：对下面的 x 和 y 对应的数据进行线性插值。

```
x = [0:1:5];
y = [0 1 5 10 15 30];
```

MATLAB 程序如下：

```
x = [0:1:5];
```

```
x = x';
y = [0 1 5 10 15 30];
y = y';
f = fit(x,y,'linearinterp')
```

运行结果如下：

```
f =
    Linear interpolant:
      f(x) = piecewise polynomial computed from p
    Coefficients:
      p = coefficient structure
```

绘图观察插值效果。MATLAB 程序如下：

```
x = [0:1:5];
x = x';
y = [0 1 5 10 15 30];
y = y';
plot(x,y,'r-', 'linewidth',3, 'marker','.','markersize',30)
xlabel('x','fontsize',15)
ylabel('y','fontsize',15)
% 设置坐标轴标注字号的大小
set(gca,'FontSize',15)
% 设置坐标轴数字的大小
```

x 和 y 的插值效果如图 3-9 所示。

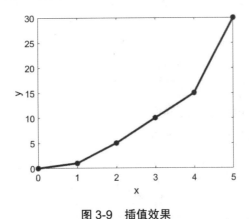

图 3-9　插值效果

3.3.3　样条拟合案例与 MATLAB 编程

　　利用插值得到的曲线经过了所有搜集到的数据点(它们叫控制点)。用拟合方法得到的曲线不一定经过所有的控制点，而是以一定的方式逼近它们。拟合的方法有很多种，除了前面介绍的以外，还有一种方法叫样条拟合(spline fitting)，"样条"本来是工程领域中的一个名词，指工人经常使用的一种弹性比较好的细长木条。样条拟合是在曲线的每一段内，分别用低次多项式进行分段拟合，这些曲线在各个控制点处具有一定的光滑性。

　　进行样条拟合使用的函数是 fit，具体的样条拟合方法有多种，其中一种叫三次样条拟合，把 fit 函数中的 fitType 设置为 cubicspline 即可。其调用方法如下：

MATLAB 机器学习实用教程

```
f = fit(x,y,' cubicspline ')
```

例 3：对下面的 x 和 y 对应的数据进行样条拟合。

```
x = [1:5:100];
y = [10 9 9 10 7 12 8 10 11 8 12 8 10 10 8 12 8 11 10 9];
```

MATLAB 程序如下：

```
x = [1:5:100];
x = x';
y = [10 9 9 10 7 12 8 10 11 8 12 8 10 10 8 12 8 11 10 9];
y = y';
f = fit(x,y,'cubicspline')
pl = plot(f,x,y);
% 绘图观察拟合效果
% 根据句柄设置线条属性
set(pl(1),'Marker','o')
set(pl(1),'MarkerSize',10)
set(pl(2),'LineStyle','-')
set(pl(2),'LineWidth',3)
set(pl(2),'Color','r')

xlabel('x','fontsize',15)
ylabel('y','fontsize',15)
% 设置坐标轴标注字号的大小
set(gca,'FontSize',15)
% 设置坐标轴数字的大小
```

运行结果如下：

```
f =
    Cubic interpolating spline:
      f(x) = piecewise polynomial computed from p
    Coefficients:
      p = coefficient structure
```

x 和 y 的样条拟合效果如图 3-10 所示。

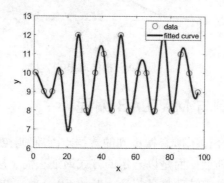

图 3-10　样条拟合效果

3.3.4　样条平滑化拟合案例与 MATLAB 编程

进行样条平滑化拟合使用的函数是 fit，需把 fitType 设置为 smoothingspline。其调用方法如下：

```
f = fit(x,y,'smoothingspline')
```

例 4： 对下面的 x 和 y 对应的数据进行样条平滑化拟合。

```
x = [1:5:100];
y = [10 9 9 10 7 12 8 10 11 8 12 8 10 10 8 12 8 11 10 9];
```

MATLAB 程序如下：

```
x = [1:5:100];
x = x';
y = [10 9 9 10 7 12 8 10 11 8 12 8 10 10 8 12 8 11 10 9];
y = y';
f = fit(x,y,'smoothingspline')
pl = plot(f,x,y);
% 绘图观察拟合效果
% 根据句柄设置线条属性
set(pl(1),'Marker','o')
set(pl(1),'MarkerSize',10)
set(pl(2),'LineStyle','-')
set(pl(2),'LineWidth',3)
set(pl(2),'Color','r')
xlabel('x','fontsize',15)
ylabel('y','fontsize',15)
% 设置坐标轴标注字号的大小
set(gca,'FontSize',15)
% 设置坐标轴数字的大小
```

运行结果如下：

```
f =
    Smoothing spline:
      f(x) = piecewise polynomial computed from p
    Coefficients:
      p = coefficient structure
```

x 和 y 的样条平滑化拟合效果如图 3-11 所示。

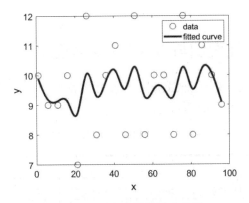

图 3-11　样条平滑化拟合效果

从图 3-11 中可以看出，样条平滑化拟合效果和普通的样条拟合效果差别比较大，因此需要根据具体问题选择合适的拟合方法。

第4章
分类和聚类

分类就是按照一定的标准，把研究对象分为不同的类别，在科学研究、工业生产、经济、金融、互联网、电子商务等领域应用很广泛。比如，在电子商务领域，经常需要根据客户的购买习惯，把客户分为不同的类型，从而采取对应的营销策略。

用于分类的机器学习算法有判别分析、朴素贝叶斯法、K 最近邻算法等。

聚类(clustering)也是按照一定的标准，把研究对象分为一定数量的类别。但是它和分类有明显的区别：分类属于监督学习，而聚类属于无监督学习。聚类的方法有 K 均值算法、高斯混合模型等。

4.1 分类算法 1——判别分析

4.1.1 概述

判别分析是已经知道研究对象有几种类型，从各种类型中取出一定数量的样本，根据这些样本，设计出一套分类标准，再按照这套标准，可以对其他的样本进行判别、分类。

在 MATLAB R2021a 中，进行判别分析使用的函数是 fitcdiscr。其调用方法如下：

```
Mdl = fitcdiscr(X,Y)
```

4.1.2 判别分析分类案例与 MATLAB 编程

例 1：表 4-1 是患者的心电图测试指标及患者的类型(其中，G1 表示健康，G2 表示患有主动脉硬化，G3 表示患有冠心病)。

表 4-1　心电图测试指标及患者类型

序号	1	2	3	4	5	6	7
指标 1	261.01	185.39	249.58	137.13	231.34	347.31	189.56
指标 2	7.36	5.99	6.11	4.35	8.79	11.19	6.94
类型	G1	G1	G1	G1	G1	G3	G3

续表

序号	8	9	10	11	12	13	14
指标 1	259.51	273.84	303.59	231.03	308.90	258.69	355.54
指标 2	9.79	8.79	8.53	6.15	8.49	7.16	9.43
类型	G1	G1	G1	G1	G2	G2	G2
序号	15	16	17	18	19	20	21
指标 1	476.69	331.47	274.57	409.42	330.34	352.50	231.38
指标 2	11.32	13.72	9.67	10.49	9.61	11.00	8.53
类型	G2	G3	G2	G2	G3	G3	G1
序号	22	23	24				
指标 1	260.25	316.12	267.88				
指标 2	10.02	8.17	10.66				
类型	G1	G2	G3				

用 1~20 号样本作为训练样本，对 21~24 号样本进行判别分析，确定它们的类型。

MATLAB 程序如下：

```
x1 = [261.01 185.39 249.58 137.13 231.34 347.31 189.56 259.51......
      273.84 303.59 231.03 308.90 258.69 355.54 476.69......
 331.47 274.57 409.42 330.34 352.50];
x2 = [7.36 5.99 6.11 4.35 8.79 11.19 6.94 9.79 8.79......
      8.53 6.15 8.49 7.16 9.43 11.32 13.72 9.67 10.49......
      9.61 11.00];
x = [x1
     x2];
x = x';
y = [1 1 1 1 1 3 3 1 1 1 1 2 2 2 2 3 2 2 3 3];
y = y';
Mdl = fitcdiscr(x,y)
% 创建判别分析模型 Mdl
x1new = [231.38 260.25 316.12 267.88];
x2new = [8.53 10.02 8.17 10.66];
% 待分类的新样本
xnew = [x1new
        x2new];
xnew = xnew';
label = predict(Mdl,xnew)
% 对新样本进行判别分类
```

运行结果如下：

```
Mdl =
  ClassificationDiscriminant
           ResponseName: 'Y'
  CategoricalPredictors: []
             ClassNames: [1 2 3]
         ScoreTransform: 'none'
        NumObservations: 20
```

```
                DiscrimType: 'linear'
                         Mu: [3×2 double]
                     Coeffs: [3×3 struct]
 Properties, Methods
label =
     1
     3
     2
     3
```

在上面的结果中，Mdl 是建立的模型，它下面的语句是关于模型的详细信息。label 是对四个新样本的判别分类结果。和表 4-1 中的实际类别比较，可以发现，其中三个分类正确，一个分类错误。

4.2　分类算法 2——朴素贝叶斯法

4.2.1　概述

朴素贝叶斯法(naive Bayes model)是以贝叶斯定理为基础的一种分类算法。贝叶斯定理是英国数学家贝叶斯(Thomas Bayes)提出的描述两个条件概率间关系的定理，表达式为

$$P(B|A)\frac{P(A|B)P(B)}{P(A)}$$

在上式中，P(A)表示事件 A 发生的概率；P(B)表示事件 B 发生的概率，P(A | B)表示在事件 B 发生的前提下，事件 A 发生的概率；P(B | A)表示在事件 A 发生的前提下，事件 B 发生的概率。

朴素贝叶斯法用于分类，具有准确率高、效率高、对缺失数据不敏感等优点，所以应用十分广泛，在图像识别、文字识别、文本分类、信息检索、互联网内容推送、信息过滤、垃圾邮件过滤、钓鱼网站检测、信用评估等领域都获得了应用。

在 MATLAB R2021a 中，用朴素贝叶斯法进行分类使用的函数是 fitcnb。其调用方法如下：

```
Mdl = fitcnb(x, y)
```

4.2.2　朴素贝叶斯法分类案例与 MATLAB 编程

例 1： 用朴素贝叶斯对 4.1 节例 1 中的 21～24 号样本进行分类。

MATLAB 程序如下：

```
x1 = [261.01 185.39 249.58 137.13 231.34 347.31 189.56 259.51......
      273.84  303.59 231.03 308.90 258.69 355.54 476.69......
      331.47 274.57 409.42  330.34 352.50];
x2 = [7.36 5.99 6.11 4.35 8.79 11.19 6.94 9.79 8.79......
      8.53 6.15 8.49 7.16 9.43 11.32 13.72 9.67 10.49......
      9.61 11.00];
x = [x1
```

```
      x2];
x = x';
y = [1 1 1 1 1 3 3 1 1 1 1 2 2 2 2 3 2 2 3 3];
y = y';
Mdl = fitcnb(x,y)
% 创建朴素贝叶斯模型 Mdl
x1new = [231.38  260.25       316.12        267.88];
x2new = [8.53  10.02    8.1710.66];
% 待分类的新样本
xnew = [x1new
        x2new];
xnew = xnew';
label = predict(Mdl, xnew)
% 对新样本进行判别分类
```

运行结果如下：

```
Mdl =
  ClassificationNaiveBayes
            ResponseName: 'Y'
    CategoricalPredictors: []
              ClassNames: [1 2 3]
          ScoreTransform: 'none'
          NumObservations: 20
        DistributionNames: {'normal'  'normal'}
    DistributionParameters: {3×2 cell}
  Properties, Methods
label =
    1
    1
    2
    3
```

在上面的结果中，Mdl 是建立的朴素贝叶斯模型，它下面的语句是关于模型的详细信息。label 是对四个新样本的分类结果。和表 4-1 中的实际类别比较，可以发现，对四个新样本的分类结果全部正确，准确率高于判别分析法。

4.3　分类算法 3——K 最近邻算法

4.3.1　概述

K 最近邻(K-nearest neighbor，KNN)算法简称 KNN 算法，它的思路类似于我们熟悉的"物以类聚，人以群分"，具体方法是：对一个待分类的新样本，寻找 k 个与它最邻近的样本，把这些样本中所属的最多的类别作为新样本的类别。

在 MATLAB R2021a 中，利用 K 最近邻算法进行分类使用的函数是 fitcknn。其调用方法如下：

```
Mdl = fitcknn(X,Y)
```

4.3.2　K 最近邻算法分类案例与 MATLAB 编程

例 1：用 K 最近邻算法对 4.1 节例 1 中的 21～24 号样本进行分类。

MATLAB 程序如下：

```
x1 = [261.01 185.39 249.58 137.13 231.34 347.31 189.56 259.51......
      273.84 303.59 231.03 308.90 258.69 355.54 476.69......
      331.47 274.57 409.42 330.34 352.50];
x2 = [7.36 5.99 6.11 4.35 8.79 11.19 6.94 9.79 8.79......
      8.53 6.15 8.49 7.16 9.43 11.32 13.72 9.67 10.49......
      9.61 11.00];
x = [x1
     x2];
x = x';
y = [1 1 1 1 1 3 3 1 1 1 1 2 2 2 2 3 2 2 3 3];
y = y';
Mdl = fitcknn(x,y)
% 创建 K 最近邻模型
x1new = [231.38 260.25 316.12 267.88];
x2new = [8.53 10.02 8.17 10.66];
% 待分类的新样本
xnew = [x1new
        x2new];
xnew = xnew';
label = predict(Mdl, xnew)
% 对新样本进行判别分类
```

运行结果如下：

```
Mdl =
  ClassificationKNN
            ResponseName: 'Y'
   CategoricalPredictors: []
              ClassNames: [1 2 3]
          ScoreTransform: 'none'
         NumObservations: 20
                Distance: 'euclidean'
            NumNeighbors: 1
  Properties, Methods
label =
    1
    1
    2
    1
```

在上面的结果中，**Mdl** 是建立的 K 最近邻模型，它下面的语句是关于模型的详细信息。**label** 是对四个新样本的分类结果。和表 4-1 中的实际类别比较，可以发现，对四个新样本的分类结果三个正确，一个错误。

4.4　聚类算法 1——K 均值算法

4.4.1　概述

K 均值算法也叫 K-means 算法，它是由用户指定所有的对象属于 k 个类别，然后根据各个样本与这 k 个类别中心的距离，把样本分配给距离最近的类。

在 MATLAB R2021a 中，进行 K 均值聚类使用的函数是 kmeans。其调用方法如下：

```
[idx, C] = kmeans(X, k)
```

其中，X 是数据样本；k 是用户指定的类别数量；idx 是类别的信息；C 是各类的质心的位置。

4.4.2　K 均值算法聚类案例与 MATLAB 编程

例 1：对下面的 X 代表的数据进行 K 均值聚类。

MATLAB 程序如下：

```
X = [4.4033    3.1832
     5.3754    4.0244
     2.3059    4.4144
     4.6466    4.8255
     4.2391    5.1582
     3.0192    4.0644
     3.6748    2.8813
     4.2570    3.4433
     6.6838    3.2038
     6.0771    5.7628
     2.9876    3.5383
     6.2762    4.5611
     4.5441    3.8557
     3.9527    4.6665
     4.5361    3.4264
     3.8463    2.9483
     3.9069    2.9332
     5.1173    4.3661
     5.0568    3.8670
     5.0629    3.8530
     4.5036    5.0645
     3.0944    4.2187
     4.5379    4.1484
     5.2227    5.1908
     4.3667    3.3967
     4.7760    4.5225
     4.5452    4.6263
     3.7724    3.8172
     4.2204    4.1618
```

3.4095	3.1256
4.6663	3.1390
3.1397	4.0787
3.1983	4.5417
3.3929	5.9391
1.7918	3.4998
5.0788	4.1405
4.2439	3.9381
3.4338	2.5502
5.0277	3.6708
2.7164	2.6540
3.9233	4.6303
3.8189	3.3340
4.2394	4.0751
4.2346	3.5916
3.3513	4.2276
3.9775	3.5498
3.8763	4.3675
4.4708	4.5545
4.8199	5.2839
4.8320	3.8544
3.3523	2.3962
4.0580	3.3703
3.0894	5.0159
3.1649	3.1959
3.9949	4.7207
5.1495	4.0930
3.4228	5.0775
4.2785	2.5293
3.8308	3.8517
4.8380	3.0941
3.4540	1.3192
2.4126	2.2275
2.6895	1.5756
1.4709	1.8326
1.7657	2.2764
1.8638	2.5195
2.5492	1.4412
1.8611	2.6303
2.3508	2.3301
0.9741	1.9661
1.8231	1.9024
1.5882	1.8912
1.2115	1.8484
2.2540	2.0115
2.1410	2.0256
2.0167	2.4130
1.3332	2.7635
2.5637	2.2335
2.1751	1.8951

```
             1.8505       2.3126
             2.0114       2.0916
             1.8690       1.4851
             1.1249       2.4746
             1.8572       2.1535
             1.5843       2.0676
             1.5104       2.2576
             1.4218       2.1307
             1.7332       1.5293
             0.9987       1.9188
             2.4821       1.9270
             2.2600       1.7340
             1.9900       2.8411
             1.9826       1.5621
             1.6009       1.7581
             2.5093       1.6440
             1.9334       1.4129
             1.6427       1.9039
             2.6757       1.8630
             1.8876       2.7650
             1.7055       1.8755
             1.8531       1.4679
             1.5760       2.8017
             1.4399       2.6173
             3.2630       1.8852
             2.8277       1.2469
             2.1538       1.7777
             1.3714       1.9220
             1.5673       2.1380
             1.9117       1.8694
             2.3957       2.2217
             1.3340       2.1959
             0.8351       1.3747
             1.2755       1.5260
             2.1668       1.6294
             2.1957       1.7461
             2.2258       1.8397
             1.9349       2.0062
             2.0918       0.4854
             1.7619       1.7715
             2.4310       2.6212];
x = X(:,1);
y = X(:,2);
plot(x,y,'.','markersize',20)
% 绘制数据的散点图
xlabel('x','fontsize',15)
ylabel('y','fontsize',15)
set(gca,'FontSize',15)
% 设置坐标轴数字的大小
```

```
[idx,C] = kmeans(X,2)
% 对数据进行 K 均值聚类。2 表示划分为两个类别
figure(2)
gscatter(x,y,idx,'rb')
hold on
plot(C(:,1),C(:,2),'kx','markersize',15,'LineWidth',5)
legend('Cluster 1','Cluster 2','Cluster Centroid')
xlabel('x','fontsize',15)
ylabel('y','fontsize',15)
set(gca,'FontSize',15)
% 绘制簇和簇质心

Xnew = [1.5 1.3
        3.0 2.0
        2.5 3.8];
% 对 3 个新数据进行聚类
[~,idx_test] = pdist2(C,Xnew,'euclidean','Smallest',1)
% pdist2 的作用是寻找距离每个新样本最近的簇质心
figure(3)
gscatter(x,y,idx,'rb')
hold on
plot(C(:,1),C(:,2),'kx','markersize',15,'LineWidth',5)
hold on
gscatter(Xnew(:,1),Xnew(:,2),idx_test,'rb','oo''markersize',15,'LineWidt
h',5)
% idx_test 的作用是对新样本进行聚类
legend('Cluster 1','Cluster 2','Cluster Centroid', ...
   'Data classified to Cluster 1','Data classified to Cluster 2')
xlabel('x','fontsize',15)
ylabel('y','fontsize',15)
set(gca,'FontSize',15)
```

运行结果如下：

```
idx = 1    1    1    1    1    1    1    1    1    1    1    1    1    1
      1    1    1    1    1    1    1    1    1    1    1    1    1    1
      1    1    1    1    1    1    2    1    1    2    1    2    1    1
      1    1    1    1    1    1    1    1    2    1    1    1    1    1
      1    1    1    1    2    2    2    2    2    2    2    2    2    2
      2    2    2    2    2    2    2    2    2    2    2    2    2    2
      2    2    2    2    2    2    2    2    2    2    2    2    2    2
      2    2    2    2    2    2    2    2    2    2    2    2    2    2
      2    2    2    2    2    2    2    2
C =
   4.2596    4.0556
   1.9849    2.0165
idx_test =
    2    2    1
```

数据的散点图如图 4-1 所示，将数据聚类为两个类别的结果如图 4-2 所示，对新数据的聚类结果如图 4-3 所示。

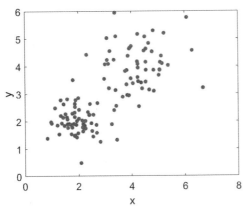

图 4-1　数据的散点图

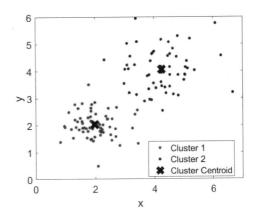

图 4-2　数据的聚类结果(两类)

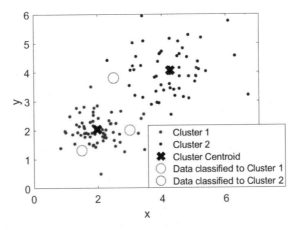

图 4-3　对新数据的聚类结果(两类)

也可以把样本数据聚类为其他数量的类别，比如三个类别，程序改为：

```
X = ......(和前面的程序相同)
x = X(:,1);
y = X(:,2);
plot(x,y,'.','markersize',20)
% 绘制数据的散点图
xlabel('x','fontsize',15)
ylabel('y','fontsize',15)
set(gca,'FontSize',15)
% 设置坐标轴数字的大小

[idx,C] = kmeans(X, 3);
C = C
Idx = idx'
% 对数据进行 K 均值聚类。3 表示划分为三个类别
figure(2)
gscatter(x,y,idx,'rbg')
hold on
plot(C(1,1),C(1,2),'kx','markersize',15,'LineWidth',5)
hold on
```

```
plot(C(2,1),C(2,2),'kx','markersize',15,'LineWidth',5)
hold on
plot(C(3,1),C(3,2),'kx','markersize',15,'LineWidth',5)
hold on
legend('Cluster 1','Cluster 2', 'Cluster 3','Cluster Centroid')
xlabel('x','fontsize',15)
ylabel('y','fontsize',15)
set(gca,'FontSize',15)
% 绘制簇和簇质心

Xnew = [1.5 1.3
        3.0 2.0
        2.5 3.8];
% 对 3 个新数据进行聚类
[~,idx_test] = pdist2(C, Xnew,'euclidean','Smallest',1)
% pdist2 的作用是寻找距离每个新样本最近的簇质心
figure(3)
gscatter(x,y,idx,'rbg')
hold on
plot(C(1,1),C(1,2),'kx','markersize',15,'LineWidth',5)
hold on
plot(C(2,1),C(2,2),'kx','markersize',15,'LineWidth',5)
hold on
plot(C(3,1),C(3,2),'kx','markersize',15,'LineWidth',5)
hold on
gscatter(Xnew(:,1),Xnew(:,2),idx_test,'rbg','ooo''markersize',15,'LineWi
    dth',5)
%  idx_test 的作用是对新样本进行聚类
legend('Cluster 1','Cluster 2','Cluster 3','Cluster Centroid', ...
'Data classified to Cluster 1','Data classified to Cluster 2', ...
'Data classified to Cluster 3')
xlabel('x','fontsize',15)
ylabel('y','fontsize',15)
set(gca,'FontSize',15)
```

运行结果如下：

```
C =
    1.9880    1.9929
    3.0283    4.2260
    4.5673    3.9926
Idx = 3    3    2    3    3    2    3    3    3    3    2    3    3    3
      3    3    3    3    3    3    3    2    3    3    3    3    3    3
      3    2    3    2    2    2    2    3    3    1    3    1    3    3
      3    3    2    3    3    3    3    3    1    3    2    2    3    3
      2    3    3    3    1    1    1    1    1    1    1    1    1    1
      1    1    1    1    1    1    1    1    1    1    1    1    1    1
      1    1    1    1    1    1    1    1    1    1    1    1    1    1
      1    1    1    1    1    1    1    1    1    1    1    1    1    1
      1    1    1    1    1    1    1    1
idx_test =
    1    1    2
```

高等院校计算机教育系列教材

数据的散点图如图 4-4 所示，将数据聚类为三个类别的结果如图 4-5 所示，对新数据的聚类结果如图 4-6 所示。

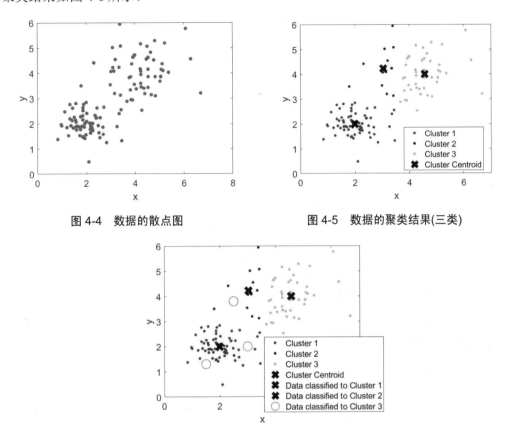

图 4-4 数据的散点图   图 4-5 数据的聚类结果(三类)

图 4-6 对新数据的聚类结果(三类)

4.5 聚类算法 2——高斯混合模型

4.5.1 概述

高斯混合模型(Gaussian mixture model，GMM)是由多个高斯模型组合形成的机器学习模型，它适合处理复杂的对象，能更好地表现对象的特征，在数据挖掘、模式识别、统计分析等领域获得了广泛的应用。

在 MATLAB R2021a 中，用高斯混合模型进行聚类使用的函数是 fitgmdist。其调用方法如下：

```
GMMModel = fitgmdist(X, k)
```

其中，X 是样本数据，k 是高斯成分的个数。

4.5.2 高斯混合模型聚类案例与 MATLAB 编程

例 1：对 X 代表的数据进行高斯混合模型聚类。

MATLAB 程序如下：

```
X1 = [ 9.7604      6.9109
      11.5935      8.0326
       5.8055      8.5525
      10.2193      9.1006
       9.4508      9.5442
       7.1506      8.0859
       8.3868      6.5084
       9.4845      7.2577
      14.0606      6.9384
      12.9166     10.3505
       7.0910      7.3844
      13.2920      8.7481
      10.0259      7.8076
       8.9108      8.8886
      10.0108      7.2352
       8.7101      6.5977
       8.8244      6.5776
      11.1068      8.4882
      10.9927      7.8226
      11.0042      7.8039
       9.9496      9.4193
       7.2924      8.2916
      10.0143      8.1978
      11.3055      9.5877
       9.6914      7.1955
      10.4633      8.6966
      10.0280      8.8351
       8.5709      7.7563
       9.4156      8.2157
       7.8866      6.8342
      10.2564      6.8520
       7.3778      8.1049
       7.4884      8.7223
       7.8552     10.5855
       4.8362      7.3331
      11.0342      8.1873
       9.4599      7.9175
       7.9324      6.0670
      10.9379      7.5610
       6.5796      6.2053
       8.8554      8.8404
       8.6585      7.1120
       9.4514      8.1001
       9.4424      7.4555
       7.7769      8.3035
       8.9575      7.3997
       8.7668      8.4900
       9.8877      8.7394
      10.5461      9.7119
      10.5687      7.8059
       7.7786      5.8616
```

```
         9.1094      7.1604
         7.2830      9.3546
         7.4253      6.9278
         8.9903      8.9610
        11.1675      8.1240
         7.9115      9.4367
         9.5252      6.0391
         8.6810      7.8023
        10.5802      6.7922];
% X1 代表的数据属于类型 1
X2 = [11.9313     10.5271
        14.1764     12.2576
         7.0876     12.5180
        12.4933     13.6509
        11.5521     14.2134
         8.7350     11.9701
        10.2490      9.8475
        11.5934     10.9933
        17.1980     10.9169
        15.7968     15.6327
         8.6619     10.9764
        16.2566     13.4049
        12.2564     11.8126
        10.8908     13.2452
        12.2380     11.0045
        10.6450      9.9998
        10.7850      9.9808
        13.5802     12.8601
        13.4405     11.9127
        13.4546     11.8873
        12.1631     14.0780
         8.9086     12.2716
        12.2423     12.3616
        13.8237     14.4261
        11.8468     10.9226
        12.7921     13.1014
        12.2590     13.2610
        10.4744     11.6214
        11.5090     12.3379
         9.6364     10.2658
        12.5387     10.4846
         9.0132     12.0154
         9.1487     12.8946
         9.5979     15.5508
         5.9004     10.7200
        13.4913     12.4301
        11.5632     11.9213
         9.6924      9.1882
        13.3734     11.5395
         8.0356      9.2728
        10.8229     13.1727
        10.5818     10.7204
```

```
                    11.5529      12.1779
                    11.5419      11.2686
                     9.5020      12.3279
                    10.9479      11.1504
                    10.7144      12.6716
                    12.0872      13.1146
                    12.8936      14.5391
                    12.9213      11.8545
                     9.5041       8.8863
                    11.1340      10.8255
                     8.8971      13.7691
                     9.0714      10.3602
                    10.9881      13.3537
                    13.6546      12.3518
                     9.6669      13.9361
                    11.6432       9.2790
                    10.6093      11.6953
                    12.9353      10.4266];
% X2 代表的数据属于类型 2
X = [X1
     X2];


% 绘制散点图
scatter(X(1:60,1), X(1:60,2),15,'ro','filled');
hold on
scatter(X(61:120,1), X(61:120,2),15,'bo','filled');
hold on
box on
xlabel('x','fontsize',15)
ylabel('y','fontsize',15)
set(gca,'FontSize',15)
% 设置坐标轴数字的大小

GMMModel = fitgmdist(X,2)
% 拟合 GMM 模型，2 表示有两个高斯成分

% 绘制 GMM 模型的轮廓和投影散点图
figure(2)
scatter(X(1:60,1), X(1:60,2),15,'ro','filled');
hold on
scatter(X(61:120,1), X(61:120,2),15,'bo','filled');
hold on
box on
xlabel('x','fontsize',15)
ylabel('y','fontsize',15)
set(gca,'FontSize',15)
gmPDF = @(x,y) arrayfun(@(x0,y0) pdf(GMMModel,[x0 y0]),x,y);
g = gca;
fcontour(gmPDF,[g.XLim g.YLim])

idx = cluster(GMMModel, X);
idx = idx'
```

```
% 对样本进行聚类

xnew = [7.2 7.2
        8 8
        10 10
        12 12];
% 对新数据进行聚类
idxnew = cluster(GMModel,xnew)

figure(3)
scatter(X(1:60,1), X(1:60,2),15,'ro','filled');
hold on
scatter(X(61:120,1), X(61:120,2),15,'bo','filled');
hold on
box on
xlabel('x','fontsize',15)
ylabel('y','fontsize',15)
set(gca,'FontSize',15)
gmPDF = @(x,y) arrayfun(@(x0,y0) pdf(GMModel,[x0 y0]),x,y);
g = gca;
fcontour(gmPDF,[g.XLim g.YLim])
hold on
plot(xnew(:,1),xnew(:,2),'k.', 'Markersize',30)
```

运行结果如下:

```
GMModel =
在 2 个维中具有 2 个成分的高斯混合分布
成分 1:
混合比例: 0.496823
均值:     9.2782    7.9663
成分 2:
混合比例: 0.503177
均值:    11.3957   11.9381
idx =
  列 1 至 24
     1     1     1     1     1     1     1     1     1     2     1     1     1     1
     1     1     1     1     1     1     1     1     1     1
  列 25 至 48
     1     1     1     1     1     1     1     1     1     2     1     1     1     1
     1     1     1     1     1     1     1     1     1     1
  列 49 至 72
     1     1     1     1     1     1     1     1     1     1     1     1     2     2
     2     2     2     2     2     2     2     2     2
  列 73 至 96
     2     2     2     2     2     2     2     2     2     2     2     2     2     2
     2     2     2     2     2     2     2     2     2
  列 97 至 120
     2     1     2     1     2     2     2     2     2     2     2     2     2     2
     1     2     2     2     2     2     2     1     2
idxnew =
     1
     1
```

数据的散点图如图 4-7 所示，GMM 模型的轮廓和投影散点图如图 4-8 所示，对新数据的聚类结果如图 4-9 所示。

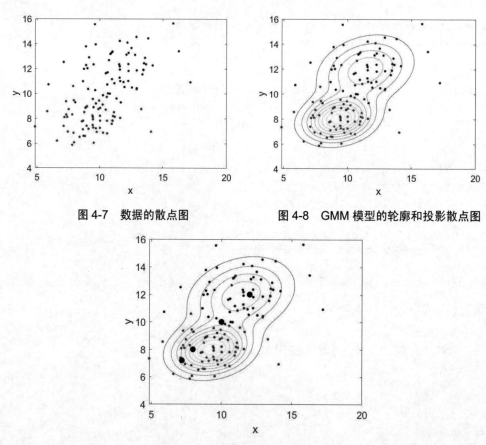

图 4-7　数据的散点图　　　　　　　图 4-8　GMM 模型的轮廓和投影散点图

图 4-9　对新数据的聚类结果

从以上结果可以看出，高斯混合模型对训练样本以及新数据聚类的正确率还是比较高的。

第 5 章

人工神经网络

人工神经网络(artificial neural network，ANN)是模拟人脑的神经网络系统结构和功能设计的机器学习模型，特别适合处理复杂的非线性问题，在数据拟合、分类、聚类、模式识别等领域应用广泛。

5.1 人工神经网络在数据拟合中的应用

5.1.1 概述

在 MATLAB R2021a 中，用人工神经网络进行数据拟合，可以使用的函数有两个：fitnet 和 train。

1. fitnet

fitnet 函数的作用是创建人工神经网络模型。该模型是一个浅层的前馈型网络，包括一个输入层、若干个隐含层和一个输出层。隐含层使用的传递函数类型默认为 tan-sigmoid 型。

用户需要自己设置隐含层的层数和神经元的数量。隐含层的层数和神经元的数量越多，越适合处理复杂的问题，拟合的准确性越高，但是需要的时间越长，而且容易出现过拟合现象。

如果隐含层只有一层，神经元的数量是 10 个，fitnet 的调用方法如下：

```
net = fitnet(10)
```

如果设置了多个隐含层，比如 3 个，每层神经元的数量分别是 10、5、10 个，则 fitnet 函数的调用方法如下：

```
net = fitnet([10, 5, 10])
```

2. train

train 函数的作用是训练人工神经网络模型。训练算法有多种，默认的是 Levenberg-Marquardt 算法，其他还有 Bayesian regularization 算法、gradient descent 法等，分别用 trainlm、trainbr、traingd 表示。

训练算法在 fitnet 函数中进行设置，即：

```
net = fitnet(hiddenSizes, trainFcn)
```

其中，hiddenSizes 指隐含层的神经元数量；trainFcn 就是训练算法，如果选择的算法是 Levenberg-Marquardt，可以省略不写，如果选择其他算法，如 Bayesian regularization 算法，就需要标明，例如：

```
net = fitnet(10,'trainbr')
```

train 函数的调用方法如下：

```
net = train(net, x, t)
```

其中，x 表示训练数据的影响因素，t 表示训练数据的结果或目标。

5.1.2 人工神经网络拟合案例与 MATLAB 编程

例 1：对下面的 x，y 数据进行人工神经网络拟合。

MATLAB 程序如下：

```
x = [0 0.5 1.0 1.5 2.0 2.5 3.0 3.5 4.0 4.5 5.0 5.5 6.0 6.5 7.0 7.5 8.0
    8.5 9.0 9.5 10.0 10.5 11.0 11.5 12.0 12.5 13.0 13.5 14.0 14.5 15.0
    15.5 16.0 16.5 17.0 17.5 18.0 18.5 19.0 19.5 20.0 20.5 21.0 21.5
    22.0 22.5 23.0 23.5 24.0 24.5 25.0 25.5 26.0 26.5 27.0 27.5 28.0
    28.5 29.0 29.5 30.0];
y = [0 0.45 0.8 1.0 0.9 0.5 0.1 -0.3 -0.7 -0.9 -0.9 -0.7 -0.2 0.2 0.6
    0.9 0.9 0.7 0.4 -0.1 -0.5 -0.8 -1.0 -0.8 -0.5 -0.0 0.4 0.8 0.9 0.9
    0.6 0.2 -0.2 -0.7 -0.9 -0.9 -0.7 -0.3 0.1 0.6 0.9 0.9 0.8 0.4 -0.0
    -0.4 -0.8 -0.9 -0.9 -0.5 -0.1 0.3 0.7 0.9 0.9 0.6 0.2 -0.2 -0.6 -0.9
    -0.9];

plot(x,y,'b.','markersize',20)
% 绘制数据的散点图
hold on
plot(x,y,'-','linewidth',2)
xlabel('x','fontsize',15)
ylabel('y','fontsize',15)
ylim([-2,2])
set(gca,'FontSize',15)
% 设置坐标轴数字的大小

setdemorandstream(25812)
% 人工神经网络模型的初始权重值是随机的，每次程序的运行结果都会不一样
% 为避免这种情况，便于比较，此处设置随机种子

net = fitnet(10)
% 创建人工神经网络模型，10 表示隐含层中神经元的数量

net = train(net, x, y)
% 训练人工神经网络模型，使用默认的 Levenberg-Marquardt 算法 (trainlm)

figure(2)
```

高等院校计算机教育系列教材

```matlab
view(net)
% 显示人工神经网络模型的结构

xnew = [5.8 8.2 10.3 14.1];
yact = [-0.46 0.94 -0.77 1.00];
ynew = net(xnew)
% 使用人工神经网络模型预测新数据的结果
perf = perform(net, ynew, yact)
%  计算网络的误差，用均方误差表示

figure(3)
plot(x,y,'b.','markersize',20)
hold on
plot(x,y,'-','linewidth',2)

xlabel('x','fontsize',15)
ylabel('y','fontsize',15)
ylim([-2,2])
set(gca,'FontSize',15)
% 设置坐标轴数字的大小
plot(xnew,ynew,'r.','markersize',20)
% 观察预测效果
```

运行结果如下：

```
net =
    Neural Network
                name: 'Function Fitting Neural Network'
            userdata: (your custom info)
    dimensions:
            numInputs: 1
            numLayers: 2
           numOutputs: 1
      numInputDelays: 0
      numLayerDelays: 0
   numFeedbackDelays: 0
  numWeightElements: 10
          sampleTime: 1
    connections:
         biasConnect: [1; 1]
        inputConnect: [1; 0]
        layerConnect: [0 0; 1 0]
       outputConnect: [0 1]
    subobjects:
               input: Equivalent to inputs{1}
              output: Equivalent to outputs{2}
              inputs: {1x1 cell array of 1 input}
              layers: {2x1 cell array of 2 layers}
             outputs: {1x2 cell array of 1 output}
              biases: {2x1 cell array of 2 biases}
        inputWeights: {2x1 cell array of 1 weight}
```

```
            layerWeights: {2x2 cell array of 1 weight}
         functions:
                 adaptFcn: 'adaptwb'
               adaptParam: (none)
                 derivFcn: 'defaultderiv'
                divideFcn: 'dividerand'
              divideParam: .trainRatio, .valRatio, .testRatio
               divideMode: 'sample'
                  initFcn: 'initlay'
               performFcn: 'mse'
             performParam: .regularization, .normalization
                 plotFcns: {'plotperform', 'plottrainstate', 'ploterrhist',
                           'plotregression', 'plotfit'}
               plotParams: {1x5 cell array of 5 params}
                 trainFcn: 'trainlm'
               trainParam: .showWindow, .showCommandLine, .show, .epochs,
                           .time, .goal, .min_grad, .max_fail, .mu, .mu_dec,
                           .mu_inc, .mu_max
         weight and bias values:
                       IW: {2x1 cell} containing 1 input weight matrix
                       LW: {2x2 cell} containing 1 layer weight matrix
                        b: {2x1 cell} containing 2 bias vectors
         methods:
                    adapt: Learn while in continuous use
                configure: Configure inputs & outputs
                   gensim: Generate Simulink model
                     init: Initialize weights & biases
                  perform: Calculate performance
                      sim: Evaluate network outputs given inputs
                    train: Train network with examples
                     view: View diagram
              unconfigure: Unconfigure inputs & outputs
net =
    Neural Network
                     name: 'Function Fitting Neural Network'
                 userdata: (your custom info)
               dimensions:
                numInputs: 1
                numLayers: 2
               numOutputs: 1
           numInputDelays: 0
           numLayerDelays: 0
        numFeedbackDelays: 0
        numWeightElements: 31
               sampleTime: 1
              connections:
              biasConnect: [1; 1]
             inputConnect: [1; 0]
             layerConnect: [0 0; 1 0]
            outputConnect: [0 1]
```

高等院校计算机教育系列教材

```
    subobjects:
              input: Equivalent to inputs{1}
             output: Equivalent to outputs{2}
             inputs: {1x1 cell array of 1 input}
             layers: {2x1 cell array of 2 layers}
            outputs: {1x2 cell array of 1 output}
             biases: {2x1 cell array of 2 biases}
       inputWeights: {2x1 cell array of 1 weight}
       layerWeights: {2x2 cell array of 1 weight}
    functions:
            adaptFcn: 'adaptwb'
          adaptParam: (none)
            derivFcn: 'defaultderiv'
           divideFcn: 'dividerand'
         divideParam: .trainRatio, .valRatio, .testRatio
          divideMode: 'sample'
             initFcn: 'initlay'
          performFcn: 'mse'
        performParam: .regularization, .normalization
            plotFcns: {'plotperform', 'plottrainstate', 'ploterrhist',
                       'plotregression', 'plotfit'}
          plotParams: {1x5 cell array of 5 params}
             trainFcn: 'trainlm'
           trainParam: .showWindow, .showCommandLine, .show, .epochs,
                       .time, .goal, .min_grad, .max_fail, .mu, .mu_dec,
                       .mu_inc, .mu_max
    weight and bias values:
                  IW: {2x1 cell} containing 1 input weight matrix
                  LW: {2x2 cell} containing 1 layer weight matrix
                   b: {2x1 cell} containing 2 bias vectors
    methods:
               adapt: Learn while in continuous use
           configure: Configure inputs & outputs
              gensim: Generate Simulink model
                init: Initialize weights & biases
             perform: Calculate performance
                 sim: Evaluate network outputs given inputs
               train: Train network with examples
                view: View diagram
         unconfigure: Unconfigure inputs & outputs
ynew =
   -0.4430    0.7956   -0.6476    0.8478
perf =
    0.0148
```

在上面的运行结果中，第一个 net 下面的信息是刚创建的人工神经网络模型的结构信息，第二个 net 下面的信息是经过训练后的人工神经网络模型的结构信息。ynew 是对四个新数据 xnew 的预测值。perf 是人工神经网络模型的预测误差。

训练数据的散点图如图 5-1 所示，人工神经网络模型如图 5-2 所示，对新数据的预测效果如图 5-3 所示。

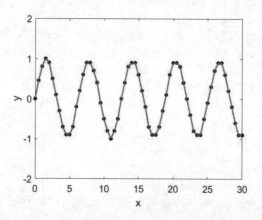

图 5-1　训练数据的散点图

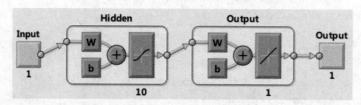

图 5-2　人工神经网络模型

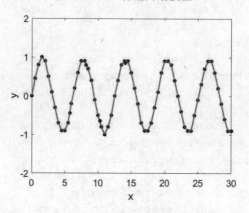

图 5-3　对新数据的预测效果

5.2　影响人工神经网络模型预测性能的因素

人工神经网络模型的预测性能受多个因素的影响，比如隐含层的神经元数量、隐含层的层数、训练算法的类型、网络类型等。

5.2.1　隐含层的神经元数量

在一定的范围内，适当增加隐含层的神经元数量，可以提高人工神经网络模型的预测性能。但是，如果神经元的数量过多，有可能会出现过拟合现象，使模型预测性能下降。

　　仍以 5.1 节的例 1 为例。人工神经网络模型的其他结构信息不变，分别把隐含层的神经元数量增加为 20、30、50、100 个，即把原程序中的语句：

```
net = fitnet(10)
```

分别改为：

```
net = fitnet(20)
net = fitnet(30)
net = fitnet(50)
net = fitnet(100)
```

隐含层的神经元数量为 20 个时，对四个新数据的预测结果为：

```
ynew =
  -0.4084    0.8302   -0.6090    0.9069
```

预测性能为：

```
perf =
    0.0123
```

隐含层的神经元数量为 30 个时，对四个新数据的预测结果为：

```
ynew =
  -0.3190    0.6383   -0.6418    0.9142
```

预测性能为：

```
perf =
    0.0337
```

隐含层的神经元数量为 50 个时，对四个新数据的预测结果为：

```
ynew =
  -0.4344    1.1595   -0.6382    0.8700
```

预测性能为：

```
perf =
    0.0208
```

隐含层的神经元数量为 100 个时，对四个新数据的预测结果为：

```
ynew =
  -0.5113    0.6601   -0.6023    2.4322
```

预测性能为：

```
perf =
    0.5401
```

5.2.2　隐含层的层数

　　在一定的范围内，适当增加隐含层的层数，可以提高人工神经网络模型的预测性能，但是，如果层数过多，也有可能会出现过拟合现象，使预测性能下降。

以 5.1 节的例 1 为例。人工神经网络模型的其他结构信息不变，分别把隐含层的层数增加为 2、3、4 层，每层各 10 个神经元，即把原程序中的语句：

```
net = fitnet(10)
```

分别改为：

```
net = fitnet([10, 10])
net = fitnet([10, 10, 10])
net = fitnet([10, 10, 10, 10])
```

隐含层的层数为 2 层时，对四个新数据的预测结果为：

```
ynew =
  -0.3839   0.8445   -0.7160   0.9135
```

预测性能为：

```
perf =
    0.0063
```

隐含层的层数为 3 层时，对四个新数据的预测结果为：

```
ynew =
  -0.4509   0.8589   -0.6771   0.8742
```

预测性能为：

```
perf =
    0.0078
```

隐含层的层数为 4 层时，对四个新数据的预测结果为：

```
ynew =
  -0.4206   0.8436   -0.7506   0.9084
```

预测性能为：

```
perf =
    0.0049
```

5.2.3　训练算法的类型

训练算法的类型也会影响人工神经网络模型的预测性能。

以 5.1 节的例 1 为例。人工神经网络模型的其他结构信息不变，即只有一个隐含层，神经元数量为 10 个，分别把训练算法改为 Bayesian regularization 和 gradient descent，即把原程序中的语句：

```
net = fitnet(10)
```

分别改为：

```
net = fitnet(10,'trainbr')
net = fitnet(10,'traingd')
```

训练算法为 Bayesian regularization 时，对四个新数据的预测结果为：

```
ynew =
  -0.4299    0.8494   -0.7226    0.9328
```

预测性能为：

```
perf =
   0.0040
```

训练算法为 gradient descent 时，对四个新数据的预测结果为：

```
ynew =
   1.2742   -0.3132    0.5173    1.0971
```

预测性能为：

```
perf =
   1.5612
```

5.2.4　网络类型

级联前向型神经网络(cascade-forward neural network)模型的结构和普通的前向型模型的结构基本相同，其区别是输入层以及前面的隐含层都和后面的各层有连接(下面运行程序时会看到它的结构)。

使用级联前向型网络模型使用的函数是 cascadeforwardnet。其调用方法如下：

```
net = cascadeforwardnet(hiddenSizes, trainFcn)
```

隐含层的神经元数量和层数、训练算法的设置和普通前向型模型一样。

以 5.1 节的例 1 为例。隐含层仍为 1 层，神经元数量为 10 个，训练算法使用默认的 Levenberg-Marquardt。所以，只需要把原程序中的语句：

```
net = fitnet(10)
```

改为：

```
net = cascadeforwardnet(10)
```

运行结果如下：

```
net =
   Neural Network
              name: 'Cascade-Forward Neural Network'
           userdata: (your custom info)
    dimensions:
          numInputs: 1
          numLayers: 2
         numOutputs: 1
     numInputDelays: 0
     numLayerDelays: 0
  numFeedbackDelays: 0
  numWeightElements: 10
         sampleTime: 1
    connections:
        biasConnect: [1; 1]
```

```
            inputConnect: [1; 1]
            layerConnect: [0 0; 1 0]
           outputConnect: [0 1]
        subobjects:
                    input: Equivalent to inputs{1}
                   output: Equivalent to outputs{2}
                   inputs: {1x1 cell array of 1 input}
                   layers: {2x1 cell array of 2 layers}
                  outputs: {1x2 cell array of 1 output}
                   biases: {2x1 cell array of 2 biases}
             inputWeights: {2x1 cell array of 2 weights}
             layerWeights: {2x2 cell array of 1 weight}
        functions:
                 adaptFcn: 'adaptwb'
               adaptParam: (none)
                 derivFcn: 'defaultderiv'
                divideFcn: 'dividerand'
              divideParam: .trainRatio, .valRatio, .testRatio
               divideMode: 'sample'
                  initFcn: 'initlay'
               performFcn: 'mse'
             performParam: .regularization, .normalization
                 plotFcns: {'plotperform', 'plottrainstate', 'ploterrhist',
                            'plotregression'}
               plotParams: {1x4 cell array of 4 params}
                 trainFcn: 'trainlm'
               trainParam: .showWindow, .showCommandLine, .show, .epochs,
                            .time, .goal, .min_grad, .max_fail, .mu, .mu_dec,
                            .mu_inc, .mu_max
        weight and bias values:
                       IW: {2x1 cell} containing 2 input weight matrices
                       LW: {2x2 cell} containing 1 layer weight matrix
                        b: {2x1 cell} containing 2 bias vectors
        methods:
                    adapt: Learn while in continuous use
                configure: Configure inputs & outputs
                   gensim: Generate Simulink model
                     init: Initialize weights & biases
                  perform: Calculate performance
                      sim: Evaluate network outputs given inputs
                    train: Train network with examples
                     view: View diagram
              unconfigure: Unconfigure inputs & outputs

net =
    Neural Network
                name: 'Cascade-Forward Neural Network'
            userdata: (your custom info)
    dimensions:
           numInputs: 1
           numLayers: 2
          numOutputs: 1
```

```
       numInputDelays: 0
       numLayerDelays: 0
    numFeedbackDelays: 0
    numWeightElements: 32
           sampleTime: 1
          connections:
         biasConnect: [1; 1]
        inputConnect: [1; 1]
        layerConnect: [0 0; 1 0]
       outputConnect: [0 1]
      subobjects:
                input: Equivalent to inputs{1}
               output: Equivalent to outputs{2}
               inputs: {1x1 cell array of 1 input}
               layers: {2x1 cell array of 2 layers}
              outputs: {1x2 cell array of 1 output}
               biases: {2x1 cell array of 2 biases}
         inputWeights: {2x1 cell array of 2 weights}
         layerWeights: {2x2 cell array of 1 weight}
      functions:
             adaptFcn: 'adaptwb'
           adaptParam: (none)
             derivFcn: 'defaultderiv'
            divideFcn: 'dividerand'
          divideParam: .trainRatio, .valRatio, .testRatio
           divideMode: 'sample'
              initFcn: 'initlay'
           performFcn: 'mse'
         performParam: .regularization, .normalization
             plotFcns: {'plotperform', 'plottrainstate', 'ploterrhist',
                        'plotregression'}
           plotParams: {1x4 cell array of 4 params}
             trainFcn: 'trainlm'
           trainParam: .showWindow, .showCommandLine, .show, .epochs,
                        .time, .goal, .min_grad, .max_fail, .mu, .mu_dec,
                        .mu_inc, .mu_max
      weight and bias values:
                   IW: {2x1 cell} containing 2 input weight matrices
                   LW: {2x2 cell} containing 1 layer weight matrix
                    b: {2x1 cell} containing 2 bias vectors
      methods:
                adapt: Learn while in continuous use
            configure: Configure inputs & outputs
               gensim: Generate Simulink model
                 init: Initialize weights & biases
              perform: Calculate performance
                  sim: Evaluate network outputs given inputs
                train: Train network with examples
                 view: View diagram
          unconfigure: Unconfigure inputs & outputs
ynew =
  -0.4775    0.8600   -0.7091    0.9375
```

```
perf =
0.0036
```

级联前向型神经网络模型的结构如图 5-4 所示，级联前向型神经网络模型对新数据的预测效果如图 5-5 所示。

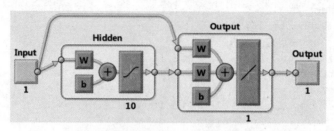

图 5-4　级联前向型神经网络模型的结构

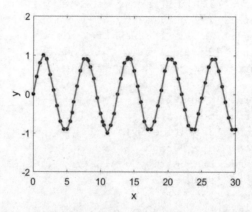

图 5-5　级联前向型神经网络模型对新数据的预测效果

5.3　人工神经网络在分类中的应用

5.3.1　概述

　　人工神经网络也可以处理分类问题。其使用的网络类型是模式识别网络(pattern recognition network)，在 MATLAB R2021a 中，使用模式识别网络调用的函数是 patternnet。其调用方法如下：

```
net = patternnet(hiddenLayerSize)
```

5.3.2　人工神经网络分类案例与 MATLAB 编程

　　例 1：表 5-1 是湖泊的富营养化参数和对应的富营养化类型。

表 5-1　湖泊的富营养化参数和富营养化类型

序号	总 N(mg/L)	总 P(mg/L)	叶绿素(mg/L)	COD(mg/L)	透明度	富营养化类型
1	0.5	0.876	0.0098	4.5	0.3	重度
2	0.034	0.348	0.005	3.3	2.9	中度

续表

序号	总 N(mg/L)	总 P(mg/L)	叶绿素(mg/L)	COD(mg/L)	透明度	富营养化类型
3	0.12	0.789	0.0078	5.6	0.1	重度
4	0.02	0.467	0.0075	3.6	1.9	中度
5	0.085	0.666	0.0089	1.3	5.9	轻度
6	0.67	0.9	0.0075	5	0.8	重度
7	0.00035	0.0346	0.003	2	7	轻度
8	0.8	0.899	0.01	3.9	1.1	重度
9	0.00047	0.0456	0.005	2.1	6.9	轻度
10	0.00023	0.0125	0.001	1.2	8.5	轻度
11	0.027	0.232	0.003	4.2	2.2	中度
12	0.9	0.856	0.0065	4.9	0.6	重度
13	0.003	0.445	0.0067	4.8	1	中度
14	0.0005	0.101	0.0012	1.7	7.4	轻度
15	0.025	0.578	0.008	2.345	2.7	中度

对 1~11 号样本，建立人工神经网络分类模型，然后预测 12~15 号样本的富营养化类型。MATLAB 程序如下：

```
x = [0.5      0.876      0.0098      4.5    0.3
 0.034 0.348  0.005  3.3  2.9
 0.12  0.789  0.0078  5.6  0.1
 0.02  0.467  0.0075  3.6  1.9
 0.085 0.666  0.0089  1.3  5.9
 0.67  0.9  0.0075      50.8
 0.00035    0.0346  0.003  2   7
 0.80.899  0.01 3.9  1.1
 0.00047    0.0456  0.005  2.1  6.9
 0.00023    0.0125  0.001  1.2  8.5
 0.027 0.232  0.003  4.2  2.2];
x = x';
t = [3 2 3 2 1 3 1 3 1 1 2];
% 分别用数字 1、2、3 代表轻度、中度和重度
net = patternnet(20)
% 构建人工神经网络分类模型
net = train(net,x,t)
% 对人工神经网络分类模型进行训练
view(net)
% 显示模型的结构
xnew = [0.9      0.856      0.0065      4.9 0.6
        0.003  0.445  0.0067  4.8 1
        0.0005  0.101  0.0012  1.7 7.4
        0.025  0.578  0.008   2.345  2.7];
xnew = xnew;
tact = [3 2 1 2];
% 四个样本的实际类别
tact = tact';
```

```
tnew = net(xnew)
% 对 12～15 号样本进行分类
performance = perform(net, tact, tnew)
% 对样本的分类性能
```

运行结果如下：

```
net =
   Neural Network
                name: 'Pattern Recognition Neural Network'
            userdata: (your custom info)
   dimensions:
           numInputs: 1
           numLayers: 2
          numOutputs: 1
      numInputDelays: 0
      numLayerDelays: 0
   numFeedbackDelays: 0
  numWeightElements: 20
          sampleTime: 1
   connections:
         biasConnect: [1; 1]
        inputConnect: [1; 0]
        layerConnect: [0 0; 1 0]
       outputConnect: [0 1]
   subobjects:
               input: Equivalent to inputs{1}
              output: Equivalent to outputs{2}
              inputs: {1x1 cell array of 1 input}
              layers: {2x1 cell array of 2 layers}
             outputs: {1x2 cell array of 1 output}
              biases: {2x1 cell array of 2 biases}
        inputWeights: {2x1 cell array of 1 weight}
        layerWeights: {2x2 cell array of 1 weight}
   functions:
             adaptFcn: 'adaptwb'
           adaptParam: (none)
             derivFcn: 'defaultderiv'
            divideFcn: 'dividerand'
          divideParam: .trainRatio, .valRatio, .testRatio
           divideMode: 'sample'
              initFcn: 'initlay'
           performFcn: 'crossentropy'
         performParam: .regularization, .normalization
             plotFcns: {'plotperform', 'plottrainstate', 'ploterrhist',
                        'plotconfusion', 'plotroc'}
           plotParams: {1x5 cell array of 5 params}
             trainFcn: 'trainscg'
           trainParam: .showWindow, .showCommandLine, .show, .epochs,
                        .time, .goal, .min_grad, .max_fail, .sigma,
                        .lambda
   weight and bias values:
                   IW: {2x1 cell} containing 1 input weight matrix
```

```
                      LW: {2x2 cell} containing 1 layer weight matrix
                       b: {2x1 cell} containing 2 bias vectors
    methods:
                   adapt: Learn while in continuous use
               configure: Configure inputs & outputs
                  gensim: Generate Simulink model
                    init: Initialize weights & biases
                 perform: Calculate performance
                     sim: Evaluate network outputs given inputs
                   train: Train network with examples
                    view: View diagram
             unconfigure: Unconfigure inputs & outputs
net =
    Neural Network
                    name: 'Pattern Recognition Neural Network'
                userdata: (your custom info)
    dimensions:
               numInputs: 1
               numLayers: 2
              numOutputs: 1
          numInputDelays: 0
          numLayerDelays: 0
       numFeedbackDelays: 0
       numWeightElements: 141
              sampleTime: 1
    connections:
             biasConnect: [1; 1]
            inputConnect: [1; 0]
            layerConnect: [0 0; 1 0]
           outputConnect: [0 1]
    subobjects:
                   input: Equivalent to inputs{1}
                  output: Equivalent to outputs{2}
                  inputs: {1x1 cell array of 1 input}
                  layers: {2x1 cell array of 2 layers}
                 outputs: {1x2 cell array of 1 output}
                  biases: {2x1 cell array of 2 biases}
            inputWeights: {2x1 cell array of 1 weight}
            layerWeights: {2x2 cell array of 1 weight}
    functions:
                adaptFcn: 'adaptwb'
              adaptParam: (none)
                derivFcn: 'defaultderiv'
               divideFcn: 'dividerand'
             divideParam: .trainRatio, .valRatio, .testRatio
              divideMode: 'sample'
                 initFcn: 'initlay'
              performFcn: 'crossentropy'
            performParam: .regularization, .normalization
                plotFcns: {'plotperform', 'plottrainstate', 'ploterrhist',
                          'plotconfusion', 'plotroc'}
              plotParams: {1x5 cell array of 5 params}
```

            trainFcn: 'trainscg'
         trainParam: .showWindow, .showCommandLine, .show, .epochs,
                     .time, .goal, .min_grad, .max_fail, .sigma,
                     .lambda
   weight and bias values:
                 IW: {2x1 cell} containing 1 input weight matrix
                 LW: {2x2 cell} containing 1 layer weight matrix
                  b: {2x1 cell} containing 2 bias vectors
   methods:
              adapt: Learn while in continuous use
          configure: Configure inputs & outputs
             gensim: Generate Simulink model
               init: Initialize weights & biases
            perform: Calculate performance
                sim: Evaluate network outputs given inputs
              train: Train network with examples
               view: View diagram
        unconfigure: Unconfigure inputs & outputs
tnew =
   1.0760   2.8446   1.4945   2.6360

performance =
  2.2204e-16
```

模式识别人工神经网络模型的结构如图 5-6 所示。

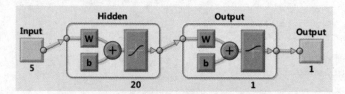

图 5-6  模式识别人工神经网络模型的结构

要想提高人工神经网络模型的分类性能，可以用 5.2 节介绍的各种方法，如调整隐含层的神经元数量、隐含层的层数、训练算法等。

高等院校计算机教育系列教材
```

第 6 章

支持向量机

支持向量机(support vector machine，SVM)是使用一种叫做支持向量的数据处理问题的机器学习模型。比如，在一个二维空间中，要把一些数据点分为两个类别，可以找到很多条分隔线，其中，最好的一条距离两类数据点的距离都尽量远，这样对数据的分类效果最好。两类数据点与直线间的距离用各自距直线最近的数据点表示，这些数据点叫做支持向量，这条直线叫做超平面，如图 6-1 所示。

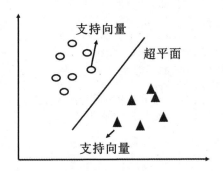

图 6-1　支持向量和超平面

在二维空间里，超平面是一条直线；在三维空间里，超平面是一个平面；在三维以上的空间里，就叫超平面。

超平面确定后，数据就被分成了不同的类型，如果要对一些新数据进行分类，只需要观察新数据位于超平面的哪一侧，就可以将它分为哪一类了。

支持向量机既可以用于分类，也可以用于回归，它最大的优点是可以较好地解决"维数灾难"问题，因此特别适合处理训练样本相对较少的高维、非线性问题。目前，支持向量机在人脸识别、字符识别、文本分类、垃圾邮件识别等领域都获得了广泛的应用。

6.1　支持向量机在回归中的应用

6.1.1　概述

在 MATLAB R2021a 中，用支持向量机进行回归使用的函数是 fitrsvm。其调用方法如下：

```
Mdl = fitrsvm(x, y)
```

6.1.2 支持向量机回归案例与 MATLAB 编程

例 1：在某种新材料中，SiC 的含量(克)和新材料的硬度间存在表 6-1 中的关系。

表 6-1 新材料的 SiC 的含量与硬度的关系

含量	0	1	2	3	4	5	6	7
硬度	143	151	162	170	181	188	194	202
含量	8	9	10	11	12	13	14	15
硬度	210	215	220	223	226	228	230	230
含量	16	17	18	19	20	21	22	23
硬度	230	228	226	224	220	216	210	204
含量	24	25	26	27	28	29	30	
硬度	197	190	182	171	162	151	140	

用支持向量机对它们进行回归分析，并根据 SiC 的含量对材料硬度进行预测。
MATLAB 程序如下：

```
x = [0 1 2 3 4 5 6 7 8 9 10 11 12 13 14 15 ...
    16 17 18 19 20 21 22 23 24 25 26 27 28 29 30];
y = [143 151 162 170 181 188 194 202 210 215 220 223 226 228 230 ...
    230 230 228 226 224 220 216 210 204 197 190 182 171 162 151 140];
plot(x,y,'ro','markersize',10)
xlabel('x','fontsize',15)
ylabel('y','fontsize',15)    % 设置坐标轴标注字号的大小
set(gca,'FontSize',15);      % 设置坐标轴数字的大小
% 绘制数据的散点图
x = x';
y = y';
Mdl = fitrsvm(x,y)
% 用支持向量机对它们进行回归分析
xnew = [8.5 12.5 17.4 23.8];
xnew = xnew';
ynew = predict(Mdl,xnew)
% 预测新数据
```

运行结果如下：

```
Mdl =
RegressionSVM
        ResponseName:'Y'
    CategoricalPredictors:    []
    ResponseTransform:'none'
            Alpha:[30×1 double]
                Bias: 205.4683
    KernelParameters:    [1×1 struct]
    NumObservations:    31
    BoxConstraints:[31×1 double]
    ConvergenceInfo:    [1×1 struct]
    IsSupportVector:    [31×1 logical]
            Solver:'SMO'
```

```
  Properties, Methods
ynew =
  205.7800
  205.9267
  206.1063
  206.3410
```

数据的散点图如图 6-2 所示。

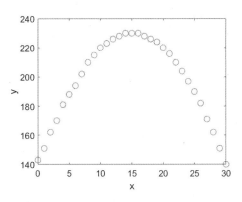

图 6-2　数据的散点图

把预测值绘制在散点图中，观察预测效果。MATLAB 程序如下：

```
x = [0 1 2 3 4 5 6 7  8 9 10 11 12 13 14 15 16 17 18 19 20 21 22 23 24 25
     26 27 28 29 30];
y = [143 151 162 170 181 188 194 202 210 215 220 223 226 228 230 230 230
     228 226 224 220 216 210 204 197 190 182 171 162 151 140];
plot(x,y,'ro','markersize',10)
xlabel('x','fontsize',15)
ylabel('y','fontsize',15)      % 设置坐标轴标注字号的大小
set(gca,'FontSize',15);        % 设置坐标轴数字的大小
% 绘制数据的散点图
hold on
x1 = [8.5 12.5 17.4 23.8];
y1 = [205.7800  205.9267  206.1063  206.3410];
plot(x1,y1,'b.','markersize',45)
```

运行结果如下：

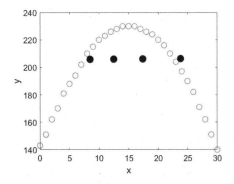

图 6-3　对新数据的预测效果

6.2　预测性能的影响因素

从图 6-3 可以看到，支持向量机对新数据的预测效果不令人满意。为了提高预测性能，可以采取一些措施，常用的方法是改变支持向量机模型的核函数类型。模型的核函数类型默认为线性核函数(linear kernel)，还可以使用其他核函数类型，比如高斯核函数(Gaussian kernel)、多项式核函数(polynomial kernel)等。

6.2.1　高斯核函数

使用高斯核函数，需要把 fitrsvm 中的 KernelFunction 设置为 gaussian，即把 6.1 节程序中的语句：

```
Mdl = fitrsvm(x,y)
```

改为：

```
Mdl = fitrsvm(x,y, 'KernelFunction','gaussian')
```

修改后，程序的运行结果如下：

```
Mdl =
  RegressionSVM
            ResponseName:'Y'
      CategoricalPredictors:    []
      ResponseTransform:'none'
               Alpha:[28×1 double]
                Bias: 196.4334
        KernelParameters:    [1×1 struct]
        NumObservations:    31
        BoxConstraints:[31×1 double]
        ConvergenceInfo:    [1×1 struct]
        IsSupportVector:    [31×1 logical]
            Solver:'SMO'
  Properties, Methods
ynew =
  208.9864
  223.3027
  223.3479
  197.3635
```

使用高斯核函数对新数据预测的效果如图 6-4 所示。

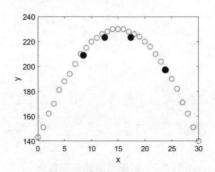

图6-4　使用高斯核函数对新数据预测的效果

可以看到，支持向量机模型对新数据的预测精度明显提高了。

6.2.2 多项式核函数

使用多项式核函数，需要把 fitrsvm 中的 KernelFunction 设置为 polynomial，即把 6.1 节程序中的语句：

```
Mdl = fitrsvm(x,y)
```

改为：

```
Mdl = fitrsvm(x,y, 'KernelFunction','polynomial')
```

修改后，程序的运行结果如下：

```
Mdl =
 RegressionSVM
            ResponseName:'Y'
     CategoricalPredictors:      []
     ResponseTransform:'none'
                Alpha:[12×1 double]
                 Bias:154.0926
       KernelParameters:     [1×1 struct]
       NumObservations:      31
       BoxConstraints:[31×1 double]
       ConvergenceInfo:      [1×1 struct]
       IsSupportVector:      [31×1 logical]
              Solver:'SMO'
 Properties, Methods
ynew =
  214.8530
  232.2470
  236.5187
  203.2485
```

使用多项式核函数对新数据预测的效果如图 6-5 所示。

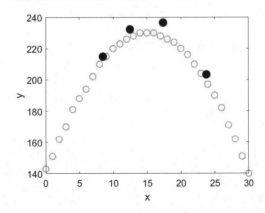

图 6-5　使用多项式核函数对新数据预测的效果

6.3 定量影响分析

6.3.1 概述

可以利用支持向量机模型分析各个影响因素对结果的定量影响。

6.3.2 定量影响分析案例与 MATLAB 编程

例 1：有一种新材料，为提高它的性能 y，研究者在里面加入了三种添加剂 x1、x2、x3。它们的加入量和新材料性能的测试结果如下：

```
x1 = [1    2    3    4    5    6    7    8    9    10    11    12    13    14    15    16    17
      18   19   20   21   22   23   24   25   26   27    28    29    30];
x2 = [30   29   28   27   26   25   24   23   22   21    20    19    18    17    16
      15   14   13   12   11   10   9    8    7    6     5     4     3     2    1];
x3 = [25   26   27   28   29   30   1    2    3    4     5     6     7     8    9    10    11
      12   13   14   15   16   17   18   19   20   21    22    23    24];
y = [241.6000   247.8000   253.2000   257.8000   261.6000   264.6000   314.8000
     316.2000   316.8000   316.6000   315.6000   313.8000   311.2000   307.8000
     303.6000   298.6000   292.8000   286.2000   278.8000   270.6000   261.6000
     251.8000   241.2000   229.8000   217.6000   204.6000   190.8000   176.2000
     160.8000   144.6000];
```

用支持向量机对它们进行回归分析，并分析 x1、x2、x3 对 y 的定量影响。

第一步，建立支持向量机模型。MATLAB 程序如下：

```
x1 = [1    2    3    4    5    6    7    8    9    10   ...
      11   12   13   14   15   16   17   18   19   20   ...
      21   22   23   24   25   26   27   28   29   30];
x2 = [30   29   28   27   26   25   24   23   22   21   ...
      20   19   18   17   16   15   14   13   12   11   10 ...
      9    8    7    6    5    4    3    2    1];
x3 = [25   26   27   28   29   30   1    2    3    4    5   ...
      6    7    8    9    10   11   12   13   14   15   16   ...
      17   18   19   20   21   22   23   24];
y = [241.6000  247.8000  253.2000  257.8000  261.6000  264.6000  ...
    314.8000  316.2000  316.8000  316.6000  315.6000  313.8000  ...
    311.2000  307.8000  303.6000  298.6000  292.8000  286.2000  ...
    278.8000  270.6000  261.6000  251.8000  241.2000  229.8000  ...
    217.6000  204.6000  190.8000  176.2000  160.8000  144.6000];
x = [x1
     x2
     x3];
x = x';
y = y';
Mdl = fitrsvm(x,y)
% 建立支持向量机模型
```

运行结果如下：

```
Mdl =
 RegressionSVM
            ResponseName:'Y'
      CategoricalPredictors:      []
      ResponseTransform:'none'
                   Alpha:[26×1 double]
                    Bias: 325.5467
           KernelParameters:      [1×1 struct]
           NumObservations:      30
           BoxConstraints:[30×1 double]
           ConvergenceInfo:      [1×1 struct]
           IsSupportVector:      [30×1 logical]
                  Solver:'SMO'
 Properties, Methods
```

第二步，对新数据进行预测。MATLAB 程序如下：

```
xnew = [8 12 17 23
   4  6   9 15
   22 6 4 18];
xnew = xnew';
ynewact = [227.2000  274.8000  289.0000  260.6000]
% 新数据对应的实际值
ynew = predict(Mdl,xnew)
% 对新数据进行预测
```

运行结果如下：

```
ynew =
 234.0566
 292.9434
 297.5767
 243.3231
```

绘图观察预测效果。MATLAB 程序如下：

```
x = [1 2 3 4];
ynewact = [227.2000  274.8000  289.0000  260.6000] ;
ynew = [234.0566 292.9434 297.5767 243.3231] ;
plot(x,ynewact,'r.','markersize',45)
hold on
plot(x,ynew,'b.','markersize',45)
xlabel('x','fontsize',15)
ylabel('y','fontsize',15)      % 设置坐标轴标注字号的大小
set(gca,'FontSize',15);        % 设置坐标轴数字的大小
% 绘制数据的散点图
```

预测效果如图 6-6 所示。

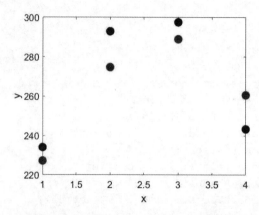

图 6-6   支持向量机模型对新数据的预测效果

(红点代表实际值，蓝点代表预测值)

第三步，考察影响预测精度的因素。

(1)   训练样本的标准化处理对预测精度的影响。

把上面程序中的语句：

```
Mdl = fitrsvm(x,y)
```

改为：

```
Mdl = fitrsvm(x,y,'Standardize',true)
```

再次运行程序，观察预测效果。运行结果如下：

```
ynew =
  253.7340
  284.6286
  286.9512
  258.3791
```

绘制实际值和预测值的对比图，如图 6-7 所示。

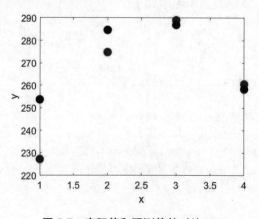

图 6-7   实际值和预测值的对比(1)

(2) 核函数类型对预测精度的影响。

① 高斯核函数。

把上面程序中的语句：

```
Mdl = fitrsvm(x,y)
```

改为：

```
Mdl = fitrsvm(x,y, 'KernelFunction','gaussian')
```

再次运行程序，观察预测效果。运行结果如下：

```
ynew =
  267.4870
  267.4870
  267.4870
  267.4870
```

绘制实际值和预测值的对比图，如图 6-8 所示。

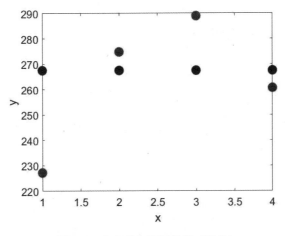

图 6-8　实际值和预测值的对比(2)

② 多项式核函数。

把上面程序中的语句：

```
Mdl = fitrsvm(x,y)
```

改为：

```
Mdl = fitrsvm(x,y, 'KernelFunction','polynomial')
```

运行程序，观察预测效果。运行结果如下：

```
ynew =
  300.1667
  306.5420
  301.6558
  246.2380
```

绘制实际值和预测值的对比图，如图 6-9 所示。

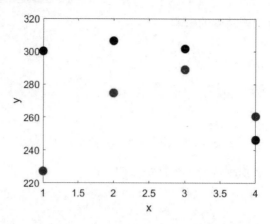

图 6-9　实际值与预测值的对比(3)

从对比结果可以看出，在这个例子中，对训练样本进行标准化处理及采用不同类型的核函数，预测精度没有明显的改善。

第四步，分别预测 x1, x2, x3 对 y 的影响。MATLAB 程序如下：

```
x1new = [5 10 15 20 25 30
         10 10 10 10 10 10
         22  22 22 22 22 22];
x1new = x1new';
y1new = predict(Mdl,x1new)
% x1 对 y 的影响
x2new = [10 10 10 10 10 10
          5 10 15 20 25 30
         22  22 22 22 22 22];
x2new = x2new';
y2new = predict(Mdl,x2new)
% x2 对 y 的影响
x3new = [10 10 10 10 10 10
         22  22 22 22 22 22
          5 10 15 20 25 30];
x3new = x3new';
y3new = predict(Mdl,x3new)
% x3 对 y 的影响
```

运行结果如下：

```
y1new =
 248.0842
 240.2911
 232.4980
 224.7048
 216.9117
 209.1186
y2new =
 232.4980
 240.2911
```

```
    248.0842
    255.8774
    263.6705
    271.4636
y3new =
    324.8739
    305.4977
    286.1214
    266.7451
    247.3689
    227.9926
```

绘图观察 x1, x2, x3 对 y 的定量影响。MATLAB 程序如下：

```
x = [5 10 15 20 25 30];
y1new = [248.0842  240.2911  232.4980  224.7048  216.9117  209.1186];
y2new = [232.4980  240.2911  248.0842  255.8774  263.6705  271.4636];
y3new = [324.8739  305.4977  286.1214  266.7451  247.3689  227.9926];
plot(x,y1new,'r.','markersize',45)
xlabel('x','fontsize',15)
ylabel('y','fontsize',15)         % 设置坐标轴标注字号的大小
set(gca,'FontSize',15);           % 设置坐标轴数字的大小
figure(2)
plot(x,y2new,'r.','markersize',45)
xlabel('x','fontsize',15)
ylabel('y','fontsize',15)         % 设置坐标轴标注字号的大小
set(gca,'FontSize',15);           % 设置坐标轴数字的大小
figure(3)
plot(x,y3new,'r.','markersize',45)
xlabel('x','fontsize',15)
ylabel('y','fontsize',15)         % 设置坐标轴标注字号的大小
set(gca,'FontSize',15);           % 设置坐标轴数字的大小
```

运行结果如图 6-10 所示。

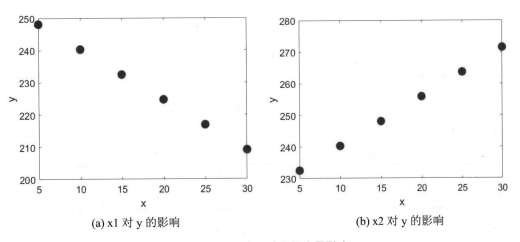

(a) x1 对 y 的影响　　　　　　　　　(b) x2 对 y 的影响

图 6-10　各因素对结果的定量影响

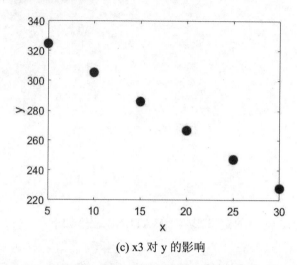

(c) x3 对 y 的影响

图 6-10 各因素对结果的定量影响(续)

6.4 支持向量机在分类中的应用

6.4.1 概述

将支持向量机用于分类,使用的函数有两个:fitcsvm 和 fitcecoc,分别用于二分类和多类别分类问题。其调用方法如下:

```
Mdl = fitcsvm(X,Y)
Mdl = fitcecoc(X,Y)
```

预测函数是 predict。其调用方法如下:

```
label = predict(Mdl ,X)
```

6.4.2 支持向量机分类案例与 MATLAB 编程

例 1:根据钢材中碳元素的含量,可以把钢材分为 3 类:低碳钢、中碳钢和高碳钢,如表 6-2 所示。

表 6-2 钢材的碳含量与类型

碳含量	0.10	0.65	0.32	0.08	0.46	0.42	0.70
类型	低碳钢	高碳钢	中碳钢	低碳钢	中碳钢	中碳钢	高碳钢
碳含量	1.1	0.20	0.15	0.80	0.33	1.2	0.12
类型	高碳钢	低碳钢	低碳钢	高碳钢	中碳钢	高碳钢	低碳钢
碳含量	0.45	0.9	0.18	0.26	0.88	0.05	
类型	中碳钢	高碳钢	低碳钢	中碳钢	高碳钢	低碳钢	

建立支持向量机模型,并对表 6-2 中碳含量为 0.9、0.18、0.26、0.88、0.55 的 5 种钢材进行分类。

(1)　绘制数据的散点图，建立支持向量机模型。MATLAB 程序如下：

```
x = [0.10 0.65 0.32 0.08 0.46 0.42 0.70 ...
    1.1 0.20 0.15 0.80 0.33 1.2  0.12  0.45];
y = [1 3 2 1 2 2 3 3 1 1 3 2 3 1 2];
x = x';
y = y';
plot(x,y,'r.','markersize',25)
xlabel('x','fontsize',15)
ylabel('y','fontsize',15)
% 设置坐标轴标注字号的大小
set(gca,'FontSize',15);
% 设置坐标轴数字的大小
% 绘制数据的散点图

Mdl = fitcecoc(x,y)
% 建立支持向量机模型
```

运行结果如下：

```
Mdl =
 ClassificationECOC
          ResponseName:'Y'
      CategoricalPredictors:    []
               ClassNames:    [1 2 3]
          ScoreTransform:'none'
          BinaryLearners:{3×1 cell}
             CodingName:    'onevsone'
 Properties, Methods
```

数据的散点图如图 6-11 所示

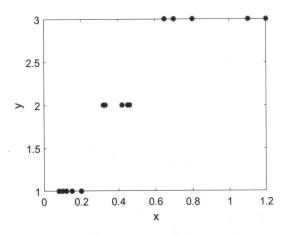

图 6-11　数据的散点图

(2)　对 5 种钢材进行分类。MATLAB 程序如下：

```
xnew = [0.9 0.18 0.26 0.88 0.05];
xnew = xnew';
ynewact = [3 1 2 3 1]
% 新数据对应的实际值
```

```
ynew = predict(Mdl,xnew)
% 对新数据进行预测
```

运行结果如下：

```
ynew =
    3
    1
    2
    3
    1
```

绘制预测效果图。MATLAB 程序为：

```
x = [1 2 3 4 5];
ynewact = [3 1 2 3 1] ;
ynew = [3 1 2 3 1] ;
plot(x,ynewact,'r.','markersize',45)
hold on
plot(x,ynew,'bo','markersize',25)
xlabel('x','fontsize',15)
ylabel('y','fontsize',15)        % 设置坐标轴标注字号的大小
set(gca,'FontSize',15);          % 设置坐标轴数字的大小
% 绘制数据的散点图
```

对钢材类型的预测效果如图 6-12 所示。

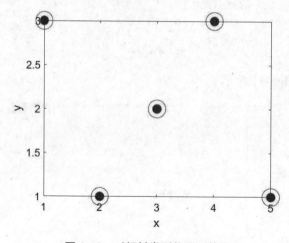

图 6-12　对钢材类型的预测效果

观察碳含量对钢材类型的影响。MATLAB 程序如下：

```
xnew = 0.05:0.05:1.2;
xnew = xnew';
y1new = predict(Mdl,xnew)
% x 对 y 的影响
```

运行结果如下：

```
y1new =
    1   1   1   2   2   2   2   2   2   2   2   2   2
    2   2   3   3   3   3   3   3   3
```

绘图观察影响趋势。MATLAB 程序如下：

```
x = 0.05:0.05:1.2;
y = [1    1    1    2    2    2    2    2    2    2...
     2    2    2    2    2    2    3    3    3    3...
     3    3    3    3];
plot(x,y,'r-', 'linewidth',2, 'marker','.','markersize',45 )
xlabel('x','fontsize',15)
ylabel('y','fontsize',15)
% 设置坐标轴标注字号的大小
set(gca,'FontSize',15);
% 设置坐标轴数字的大小
```

碳含量对钢材类型的影响趋势如图 6-13 所示。

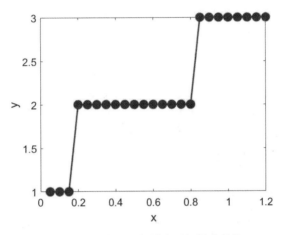

图 6-13　碳含量对钢材类型的影响趋势

例 2： 表 6-3 是湖泊的富营养化参数和对应的富营养化类型。

表 6-3　湖泊的富营养化参数和富营养养类型

序号	总 N(mg/L)	总 P(mg/L)	叶绿素(mg/L)	COD(mg/L)	透明度	富营养化类型
1	0.5	0.876	0.0098	4.5	0.3	重度
2	0.034	0.348	0.005	3.3	2.9	中度
3	0.12	0.789	0.0078	5.6	0.1	重度
4	0.02	0.467	0.0075	3.6	1.9	中度
5	0.085	0.666	0.0089	1.3	5.9	轻度
6	0.67	0.9	0.0075	5	0.8	重度
7	0.00035	0.0346	0.003	2	7	轻度
8	0.8	0.899	0.01	3.9	1.1	重度
9	0.00047	0.0456	0.005	2.1	6.9	轻度
10	0.00023	0.0125	0.001	1.2	8.5	轻度
11	0.027	0.232	0.003	4.2	2.2	中度
12	0.9	0.856	0.0065	4.9	0.6	重度

序号	总 N(mg/L)	总 P(mg/L)	叶绿素(mg/L)	COD(mg/L)	透明度	富营养化类型
13	0.003	0.445	0.0067	4.8	1	中度
14	0.0005	0.101	0.0012	1.7	7.4	轻度
15	0.025	0.578	0.008	2.345	2.7	中度

对 1～11 号样本，建立支持向量机分类模型，然后预测 12～15 号样本的富营养化类型。

MATLAB 程序如下：

```
x = [0.5       0.876     0.0098    4.5    0.3
     0.034    0.348     0.005     3.3    2.9
     0.12      0.789     0.0078    5.6    0.1
     0.02      0.467     0.0075    3.6    1.9
     0.085    0.666     0.0089    1.3    5.9
     0.67      0.9  0.0075 5   0.8
     0.000035 0.0346    0.003     2      7
     0.8       0.899     0.01 3.9 1.1
     0.00047  0.0456    0.005     2.1    6.9
     0.00023  0.0125    0.001     1.2    8.5
     0.027     0.232     0.003     4.2    2.2];
y = [3 2 3 2 1 3 1 3 1 1 2];
y = y';
% 分别用数字 1、2、3 代表轻度、中度和重度
Mdl = fitcecoc(x,y)
% 建立支持向量机模型

 xnew = [0.9      0.856     0.0065    4.9    0.6
         0.003    0.445     0.0067    4.8    1
         0.0005   0.101     0.0012    1.7    7.4
         0.025    0.578     0.008     2.345  2.7];
yact = [3 2 1 2];
% 四个样本的实际类别
ynew = predict(Mdl,xnew)
% 对 12～15 号样本进行分类
```

运行结果如下：

```
Mdl =
  ClassificationECOC
           ResponseName:'Y'
      CategoricalPredictors:    []
             ClassNames:    [1 2 3]
          ScoreTransform:'none'
          BinaryLearners:{3×1 cell}
             CodingName:      'onevsone'
 Properties, Methods
ynew =
    3
    3
    1
    2
```

绘制预测效果图。MATLAB 程序如下：

```
x = [1 2 3 4];
yact = [3 2 1 2];
ynew = [3 3 1 2];
plot(x,yact,'r.','markersize',45)
hold on
plot(x,ynew,'bo','markersize',25)
xlabel('x','fontsize',15)
ylabel('y','fontsize',15)
% 设置坐标轴标注字号的大小
set(gca,'FontSize',15);
% 设置坐标轴数字的大小
% 绘制数据的散点图
```

对 12～15 号样本富营养化类型的预测效果如图 6-14 所示。

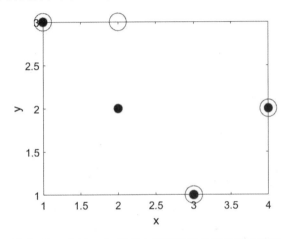

图 6-14　对 12～15 号样本富营养化类型的预测效果

第7章

决 策 树

决策树(decision tree)是一种模拟人的决策过程构造的机器学习模型,它的形状很像一棵树:有树根、树干、树枝、树叶,所以人们把它叫做决策树。

7.1 决策树的原理

7.1.1 决策树的构建方法

下面我们通过一个实例介绍决策树的构建方法。

假设要判断一些用户是否打算购买新电脑。影响因素包括新电脑的价格、性能、旧电脑是否还能使用。通过调查,得到一些用户的决策,具体情况如表 7-1 所示。

表 7-1 用户购买新电脑的决策

序 号	价 格	性 能	旧电脑的情况	是否购买
1	低	不好	好	不买
2	低	好	好	不买
3	低	好	差	买
4	高	好	差	买
5	高	不好	好	不买
6	高	不好	差	不买
7	低	好	好	

其中,序号 1~6 的数据是样本,序号 7 的数据需要等待决策,即决定用户是否需要购买新电脑。

首先,根据序号 1~6 的数据构建决策树。其方法是:依次按照各个影响因素绘制决策分支,把各个样本的决策依据和最终结果进行分类,形成决策树。比如,先观察价格,从 1~6 号样本可以看到:价格低时,有 1 人(3 号)决定买,2 人(1 号和 2 号)决定不买;价格高时,1 人(4 号)买,2 人(5 号、6 号)不买。根据这些数据,就可以构建决策树的第一部分,如图 7-1 所示。

然后再根据性能,构建决策树的第二部分,如图 7-2 所示。

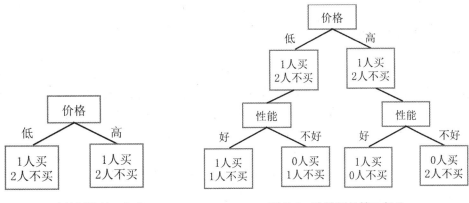

图 7-1　决策树的第一部分　　　　　图 7-2　决策树的第二部分

接着，考虑最后一个影响因素——旧电脑的情况，构建决策树的最后一部分，如图 7-3 所示。

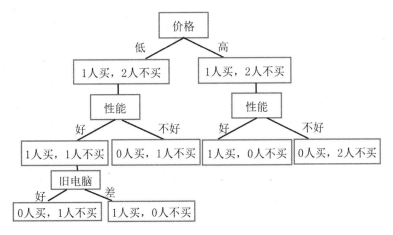

图 7-3　完整的决策树

可以看到，整个决策过程像生成一棵倒立的树。

7.1.2　决策树的应用

构建好决策树后，就可以利用它进行决策了。

比如，现在要判断 7 号用户是否购买新电脑。只需要把他(她)的情况代入上面的决策树中，就可以判断出来：先根据价格判断，7 号对应的价格为"低"，从决策树图 7-3 中可以看出，他(她)有可能买，有可能不买；再看第二个因素——性能，7 号对应的性能为"好"，从决策树图 7-3 中可以看出，他(她)也有可能买，有可能不买；最后再看旧电脑的情况，7 号对应的情况为"好"，从决策树图 7-3 中可以看出，他(她)的最终决定是不买。

所以，决策树可以帮助人们进行决策，包括分类、回归等。这种方法的特点是思路清晰、处理数据的效率比较高。

7.1.3 决策树的剪枝

由于训练样本中经常会存在一些问题，比如，有时候会存在一些噪声数据，或者缺少一些有代表性的数据，所以根据训练样本构建的决策树也会出现过拟合现象，导致其泛化能力较差。

为了解决这个问题，就需要对决策树进行一些处理。处理的方法有多种，比如剪枝法和随机森林法等。目前，剪枝法应用比较多。

剪枝法类似于现实生活中对树木的修剪，就是把树木多余的枝叶剪掉。决策树出现过拟合现象的一个原因就是产生的枝叶过多，因此需要进行剪枝。

具体的剪枝方法是构建好决策树后，按照一定的标准，把其中一些分支进行合并或去除。

7.1.4 构建决策树的算法

决策树的准确性对它的应用具有重要的影响，影响决策树准确性的一个重要因素是特征选择。有的问题涉及多个影响因素，它们对最终决策结果的影响程度各不相同。因此在构建决策树时，需要合理地选择影响因素。

按照影响因素的选择方法，研究者设计了多种构建决策树的算法，常见的有 ID3、C4.5 和 CART 等。

7.2 决策树在分类中的应用

7.2.1 概述

在 MATLAB R2021a 中，用决策树进行分类使用的函数是 fitctree。其调用方法如下：

```
tree = fitctree(x, y)
```

7.2.2 决策树分类案例与 MATLAB 编程

例 1：表 7-2 是湖泊的富营养化参数和对应的富营养化类型。

表 7-2　湖泊富营养化参数和富营养化类型

序号	总 N(mg/L)	总 P(mg/L)	叶绿素(mg/L)	COD(mg/L)	透明度	富营养化类型
1	0.5	0.876	0.0098	4.5	0.3	重度
2	0.034	0.348	0.005	3.3	2.9	中度
3	0.12	0.789	0.0078	5.6	0.1	重度
4	0.02	0.467	0.0075	3.6	1.9	中度
5	0.085	0.666	0.0089	1.3	5.9	轻度
6	0.67	0.9	0.0075	5	0.8	重度

续表

序号	总 N(mg/L)	总 P(mg/L)	叶绿素(mg/L)	COD(mg/L)	透明度	富营养化类型
7	0.00035	0.0346	0.003	2	7	轻度
8	0.8	0.899	0.01	3.9	1.1	重度
9	0.00047	0.0456	0.005	2.1	6.9	轻度
10	0.00023	0.0125	0.001	1.2	8.5	轻度
11	0.027	0.232	0.003	4.2	2.2	中度
12	0.9	0.856	0.0065	4.9	0.6	重度
13	0.003	0.445	0.0067	4.8	1	中度
14	0.0005	0.101	0.0012	1.7	7.4	轻度
15	0.025	0.578	0.008	2.345	2.7	中度

对 1~11 号样本,建立决策树分类模型,然后预测 12~15 号样本的富营养化类型。

(1) 创建决策树模型。MATLAB 程序如下:

```
x = [0.5      0.876      0.0098    4.5     0.3
     0.034    0.348      0.005     3.3     2.9
     0.12     0.789      0.0078    5.6     0.1
     0.02     0.467      0.0075    3.6     1.9
     0.085    0.666      0.0089    1.3     5.9
     0.67     0.9  0.0075      5     0.8
     0.00035  0.0346     0.003     27
     0.8      0.899      0.01 3.9  1.1
     0.00047  0.0456     0.005     2.1     6.9
     0.00023  0.0125     0.001     1.2     8.5
     0.027    0.232      0.003     4.2     2.2];
y = [3 2 3 2 1 3 1 3 1 1 2];
y = y';
% 分别用数字 1、2、3 代表轻度、中度和重度
tree = fitctree(x, y)
% 建立决策树模型
view(tree)
% 用文本显示决策树的结构
view(tree,'mode', 'graph')
% 用图形显示决策树的结构
```

运行结果如下:

```
tree =
  ClassificationTree
         ResponseName: 'Y'
     CategoricalPredictors:    []
         ClassNames:    [1 2 3]
         ScoreTransform:'none'
         NumObservations:     11
  Properties, Methods
```

```
1   if x1<0.1025 then node 2 elseif x1> = 0.1025 then node 3 else 1
2   class = 1
3   class = 3
```

(2) 用决策树模型对 12～15 号样本进行分类。MATLAB 程序如下：

```
xnew = [0.9     0.856   0.0065  4.9     0.6
        0.003   0.445   0.0067  4.8     1
        0.0005  0.101   0.0012  1.7     7.4
        0.025   0.578   0.008   2.345   2.7];
yact = [3 2 1 2];
% 四个样本的实际类别
ynew = predict(tree, xnew)
% 对 12～15 号样本进行分类
```

运行结果如下：

```
ynew =
    3
    1
    1
    1
```

绘图观察分类效果。MATLAB 程序如下：

```
x = [1 2 3 4];
yact = [3 2 1 2];
ynew = [3 1 1 1];
plot(x,yact,'r.','markersize',45)
hold on
plot(x,ynew,'bo','markersize',25)
xlabel('x','fontsize',15)
ylabel('y','fontsize',15)
% 设置坐标轴标注字号的大小
set(gca,'FontSize',15);
% 设置坐标轴数字的大小
% 绘制数据的散点图
```

决策树模型对 12～15 号样本的分类效果如图 7-4 所示。

(3) 决策树的剪枝。从图 7-4 的分类效果来看，很不理想，所以需要对决策树进行剪枝。

高等院校计算机教育系列教材

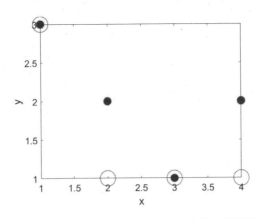

图 7-4 决策树模型对 12～15 号样本的分类效果

在 MATLAB R2021a 中，对决策树进行剪枝使用的函数是 prune。其调用方法如下：

```
t2 = prune(t1)
```

或：

```
t2 = prune(t1,'level', levelvalue)
```

或：

```
t2 = prune(t1,'nodes', nodes)
```

其中，t1 表示原决策树，t2 表示剪枝后的新决策树。第一种格式表示按默认方式进行剪枝。第二种格式中，level 表示按决策树的层进行剪枝，levelvalue 由用户设置。第三种格式中，nodes 表示按节点剪枝，nodes 也由用户设置。

对上面创建的决策树进行剪枝。MATLAB 程序如下：

```
tree2 = prune(tree)
view(tree2)
% 用文本显示新决策树的结构
view(tree2,'mode', 'graph')
% 用图形显示新决策树的结构
```

运行结果如下：

```
tree2 =
 ClassificationTree
          ResponseName:'Y'
     CategoricalPredictors:    []
            ClassNames:     [1 2 3]
          ScoreTransform:'none'
          NumObservations:    11
 Properties, Methods

1 if x1<0.1025 then node 2 elseif x1> = 0.1025 then node 3 else 1
2 class = 1
3 class = 3
```

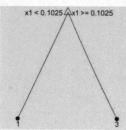

在这个例子中，由于原来的决策树的形状很简单，所以经过剪枝后并没有发生变化。读者可以用其他例子观察剪枝的效果。

用新决策树模型对四个样本进行分类。把上面程序中的语句：

```
ynew = predict(tree, xnew)
```

改为：

```
ynew = predict(tree2, xnew)
```

运行结果如下：

```
ynew =
    3
    1
    1
    1
```

新决策树模型对 12～15 号样本的分类效果如图 7-5 所示。

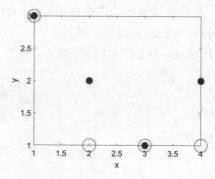

图 7-5   新决策树模型对 12～15 号样本的分类效果

可以看到，剪枝后的分类效果并没有改变。这是因为，在这个例子中，决策树的结构比较简单，剪枝前后，决策树模型并没有改变。在一些复杂的问题中，剪枝的优势才能体现出来，读者可以尝试。

7.3   决策树在回归中的应用

7.3.1   概述

用决策树进行回归使用的函数是 fitrtree。其调用方法如下：

```
tree = fitrtree(x, y)
```

7.3.2　决策树回归案例与 MATLAB 编程

例 1：有一种新材料，为提高它的性能 y，研究者在里面加入了三种添加剂 x1、x2、x3。它们的加入量和新材料性能的测试结果如下：

```
x1 = [1    2    3    4    5    6    7    8    9    10   11   12   13   14
      15   16   17   18   19   20   21   22   23   24   25   26   27   28
      29   30];
x2 = [30   29   28   27   26   25   24   23   22   21   20   19   18
      17   16   15   14   13   12   11   10   9    8    7    6    5
      4    3    2    1];
x3 = [25   26   27   28   29   30   1    2    3    4    5    6    7    8
      9    10   11   12   13   14   15   16   17   18   19   20   21
      22   23   24];
y = [241.6000  247.8000  253.2000  257.8000  261.6000  264.6000  314.8000
     316.2000  316.8000  316.6000  315.6000  313.8000  311.2000  307.8000
     303.6000  298.6000  292.8000  286.2000  278.8000  270.6000  261.6000
     251.8000  241.2000  229.8000  217.6000  204.6000  190.8000  176.2000
     160.8000  144.6000];
```

用决策树对它们进行回归分析，并分析 x1、x2、x3 对 y 的定量影响。

(1)　创建决策树模型。MATLAB 程序如下：

```
x1 = [1    2    3    4    5    6    7    8    9    10  ...
      11   12   13   14   15   16   17   18   19   20  ...
      21   22   23   24   25   26   27   28   29   30];
x2 = [30   29   28   27   26   25   24   23   22   21  ...
      20   19   18   17   16   15   14   13   12   11   10  ...
      9    8    7    6    5    4    3    2    1];
x3 = [25   26   27   28   29   30   1    2    3    4    5   ...
      6    7    8    9    10   11   12   13   14   15   16  ...
      17   18   19   20   21   22   23   24];
y = [241.6000  247.8000  253.2000  257.8000  261.6000  264.6000  ...
     314.8000  316.2000  316.8000  316.6000  315.6000  313.8000  ...
     311.2000  307.8000  303.6000  298.6000  292.8000  286.2000  ...
     278.8000  270.6000  261.6000  251.8000  241.2000  229.8000  ...
     217.6000  204.6000  190.8000  176.2000  160.8000  144.6000];
x = [x1
     x2
     x3];
x = x';
y = y';
tree = fitrtree(x,y)
% 创建决策树模型
view(tree)
% 用文本显示决策树的结构
view(tree,'mode', 'graph')
% 用图形显示决策树的结构
```

运行结果如下：

```
tree =
  RegressionTree
            ResponseName:'Y'
      CategoricalPredictors:      []
      ResponseTransform:'none'
            NumObservations:      30
  Properties, Methods

1  if x2<7.5 then node 2 elseif x2> = 7.5 then node 3 else 261.633
2  fit = 189.2
3  if x3<12.5 then node 4 elseif x3> = 12.5 then node 5 else 283.678
4  if x2<16.5 then node 6 elseif x2> = 16.5 then node 7 else 307.833
5  if x3<14.5 then node 8 elseif x3> = 14.5 then node 9 else 257.327
6  fit = 295.3
7  fit = 314.1
8  fit = 274.7
9  fit = 253.467
```

(2) 用决策树模型预测新数据。MATLAB 程序如下：

```
xnew = [8 12 17 23
        4  6  9 15
        22 6 4 18];
xnew = xnew';
ynewact = [227.2000  274.8000  289.0000  260.6000]
% 新数据对应的实际值
ynew = predict(tree, xnew)
% 对新数据进行预测
```

运行结果如下：

```
ynew =
 189.2000
 189.2000
 295.3000
 253.4667
```

绘图观察预测效果。MATLAB 程序如下：

```
x = [1 2 3 4];
```

```
yact = [227.2000  274.8000  289.0000  260.6000];
ynew = [189.2000  189.2000  295.3000  253.4667];
plot(x,yact,'r.','markersize',45)
hold on
plot(x,ynew,'bo','markersize',25)
xlabel('x','fontsize',15)
ylabel('y','fontsize',15)
% 设置坐标轴标注字号的大小
set(gca,'FontSize',15);
% 设置坐标轴数字的大小
% 绘制数据的散点图
```

决策树模型对新数据的预测效果如图 7-6 所示。

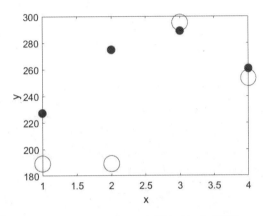

图 7-6　决策树模型对新数据的预测效果

(3)　对决策树进行剪枝。

把剪枝参数 Level 设置为 2。MATLAB 程序如下:

```
tree2 = prune(tree,'Level',2)
view(tree2)
% 用文本显示决策树的结构
view(tree2,'mode', 'graph')
% 用图形显示决策树的结构
```

运行结果如下:

```
tree2 =
  RegressionTree
           ResponseName:'Y'
      CategoricalPredictors:    []
      ResponseTransform:'none'
           NumObservations:      30
  Properties, Methods

1  if x2<7.5 then node 2 elseif x2> = 7.5 then node 3 else 261.633
2  fit = 189.2
3  if x3<12.5 then node 4 elseif x3> = 12.5 then node 5 else 283.678
4  fit = 307.833
5  fit = 257.327
```

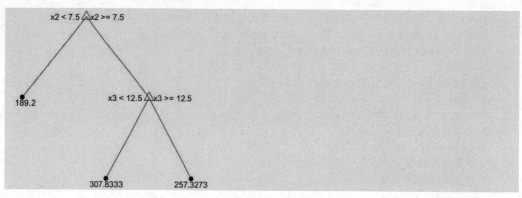

用新决策树模型预测新数据，运行结果如下：

```
ynew =
  189.2000
  189.2000
  307.8333
  257.3273
```

绘图观察预测效果。MATLAB 程序如下：

```
x = [1 2 3 4];
yact = [227.2000  274.8000  289.0000  260.6000];
ynew = [189.2000  189.2000  307.8333  257.3273];
plot(x,yact,'r.','markersize',45)
hold on
plot(x,ynew,'bo','markersize',25)
xlabel('x','fontsize',15)
ylabel('y','fontsize',15)
% 设置坐标轴标注字号的大小
set(gca,'FontSize',15);
% 设置坐标轴数字的大小
% 绘制数据的散点图
```

第一次剪枝后的决策树模型对新数据的预测效果如图 7-7 所示。

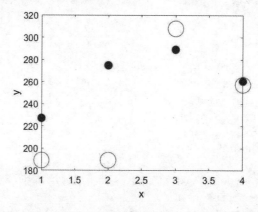

图 7-7　第一次剪枝后的决策树模型对新数据的预测效果

把剪枝参数 Level 设置为 3。MATLAB 程序如下：

```
tree2 = prune(tree,'Level',3)
view(tree2)
% 用文本显示决策树的结构
view(tree2,'mode', 'graph')
% 用图形显示决策树的结构
```

运行结果如下：

```
tree2 =
 RegressionTree
            ResponseName:'Y'
        CategoricalPredictors:       []
        ResponseTransform:'none'
            NumObservations:      30
 Properties, Methods


1  if x2<7.5 then node 2 elseif x2> = 7.5 then node 3 else 261.633
2  fit = 189.2
3  fit = 283.678
```

x2 < 7.5 △ x2 >= 7.5

189.2   283.6783

用新决策树模型预测新数据，运行结果如下：

```
ynew =
  189.2000
  189.2000
  283.6783
  283.6783
```

绘图观察预测效果。MATLAB 程序如下：

```
x = [1 2 3 4];
yact = [227.2000  274.8000  289.0000  260.6000];
ynew = [189.2000  189.2000  283.6783  283.6783];
plot(x,yact,'r.','markersize',45)
hold on
plot(x,ynew,'bo','markersize',25)
xlabel('x','fontsize',15)
ylabel('y','fontsize',15)
% 设置坐标轴标注字号的大小
set(gca,'FontSize',15);
% 设置坐标轴数字的大小
% 绘制数据的散点图
```

第二次剪枝后的决策树模型对新数据的预测效果如图 7-8 所示。

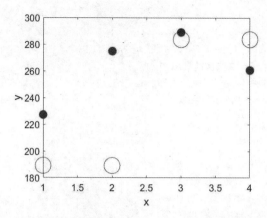

图 7-8　第二次剪枝后的决策树模型对新数据的预测效果

把剪枝参数 Level 设置为 4。MATLAB 程序如下：

```
tree2 = prune(tree,'Level',4)
view(tree2)
% 用文本显示决策树的结构
view(tree2,'mode', 'graph')
% 用图形显示决策树的结构
```

运行结果如下：

```
tree2 =
  RegressionTree
            ResponseName:'Y'
      CategoricalPredictors:    []
      ResponseTransform:'none'
            NumObservations:    30
  Properties, Methods

1  fit = 261.633
        261.6333
```

用新决策树模型预测新数据，运行结果如下：

```
ynew =
  261.6333
  261.6333
  261.6333
  261.6333
```

绘图观察预测效果。MATLAB 程序如下：

```
x = [1 2 3 4];
yact = [227.2000  274.8000  289.0000  260.6000];
ynew = [261.6333  261.6333  261.6333  261.6333];
plot(x,yact,'r.','markersize',45)
hold on
plot(x,ynew,'bo','markersize',25)
xlabel('x','fontsize',15)
```

```
ylabel('y','fontsize',15)
% 设置坐标轴标注字号的大小
set(gca,'FontSize',15);
% 设置坐标轴数字的大小
% 绘制数据的散点图
```

第三次剪枝后的决策树模型对新数据的预测效果如图 7-9 所示。

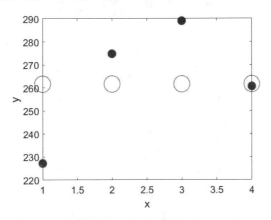

图 7-9　第三次剪枝后的决策树模型对新数据的预测效果

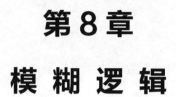

第 8 章
模 糊 逻 辑

有一些问题无法用精确、唯一的语言描述和解决。比如，人们认为身高 1.80 米以上的人是高个子，那么 1.79 米的人是高个子吗？人们把这类现象叫模糊现象或模糊问题。为了研究这类问题，1965 年，美国数学家 L. Zadeh 提出了模糊(fuzzy)集合的概念，从而产生了模糊数学这个新学科。模糊逻辑是在模糊数学的基础上产生的一个分支学科，它是模仿人类大脑的模糊性思维方式，帮助人们进行决策，从而较好地解决模糊性问题。

目前，模糊逻辑在自动控制、疾病诊断、游戏开发等领域都获得了应用，取得了令人满意的效果。在模糊逻辑领域，人们流传着一句名言："模糊比精确更准确"。

8.1 模 糊 聚 类

8.1.1 概述

在机器学习领域，模糊逻辑最典型的一种应用是模糊 C-均值聚类(fuzzy C-means clustering)。

在 MATLAB R2021a 中，进行模糊聚类使用的函数是 fcm。其调用方法如下：

```
[centers,U] = fcm(data, Nc)
```

其中，centers 是聚类中心，它是一个矩阵，有 Nc 行(代表 Nc 个聚类中心)，每行是一个聚类中心的坐标，它的列数和聚类数据样本个数一致。U 是模糊分割矩阵，有 Nc 行，其中的元素代表数据属于某个类别的隶属度。data 是待聚类的数据，Nc 是类别的数量，由用户设置。

8.1.2 模糊聚类案例与 MATLAB 编程

例 1：对数据 x 进行模糊 C-均值聚类。

MATLAB 程序如下：

```
x = [2.6189     2.9345
     3.1256     2.5673
     3.0766     3.2534
     2.7652     2.7681
```

```
              3.3094      3.3109
              3.0083      2.8526
              3.0309      3.3729
              3.0685      2.7985
              3.1885      2.7219
              3.3811      3.2392
              0.6592      0.8541
              1.1701      1.4274
              1.1095      0.9024
              0.9642      0.8275
              0.9146      0.8879
              1.5145      1.1786
              0.9064      0.6711
              0.9524      1.1568
              0.7653      0.6672
              0.7966      0.9673
              1.0866      1.6759
              2.2680      1.9810
              2.3464      1.9003
              1.6562      2.4408
              2.1588      1.9719
              2.0814      1.5794
              2.5796      1.9226
              2.0642      2.5943
              2.5197      1.7925
              1.9416      1.6707];
x1 = x(:,1);
y1 = x(:,2);
plot(x1,y1,'.','markersize',20)
% 绘制数据的散点图
xlabel('x','fontsize',15)
ylabel('y','fontsize',15)
set(gca,'FontSize',15)
% 设置坐标轴数字的大小

[centers,U] = fcm(x,2)
% 对 x 进行聚类，2 表示聚为两类

maxU = max(U);
idx1 = find(U(1,:) = = maxU)
idx2 = find(U(2,:) = = maxU)
% 把每个数据点聚为隶属度值最大的类
figure(2)
x2 = x(idx1,1);
y2 = x(idx1,2);
plot(x2,y2,'ob')
hold on
```

```
x3 = x(idx2,1);
y3 = x(idx2,2);
plot(x3,y3,'or')
plot(centers(1,1),centers(1,2),'xb','MarkerSize',15,'LineWidth',3)
plot(centers(2,1),centers(2,2),'xr','MarkerSize',15,'LineWidth',3)
hold off
legend('Cluster 1','Cluster 2','Cluster Centers')
xlabel('x','fontsize',15)
ylabel('y','fontsize',15)
set(gca,'FontSize',15)
% 绘制簇和聚类中心
```

运行结果如下：

```
Iteration count = 1, obj. fcn = 27.700128
Iteration count = 2, obj. fcn = 18.511513
Iteration count = 3, obj. fcn = 11.408333
Iteration count = 4, obj. fcn = 9.946111
Iteration count = 5, obj. fcn = 9.904190
Iteration count = 6, obj. fcn = 9.902156
Iteration count = 7, obj. fcn = 9.901678
Iteration count = 8, obj. fcn = 9.901536
Iteration count = 9, obj. fcn = 9.901494
Iteration count = 10, obj. fcn = 9.901481
Iteration count = 11, obj. fcn = 9.901477


centers =
    2.8064    2.6960
    1.1073    1.1080
U =
  列 1 至 14
    0.9839    0.9813    0.9567    0.9987    0.9389    0.9903    0.9455
    0.9883    0.9793    0.9395    0.0321    0.0241    0.0069    0.0142
    0.0161    0.0187    0.0433    0.0013    0.0611    0.0097    0.0545
    0.0117    0.0207    0.0605    0.9679    0.9759    0.9931    0.9858
  列 15 至 28
    0.0123    0.0412    0.0291    0.0045    0.0362    0.0163    0.0747
    0.7247    0.7191    0.5995    0.6624    0.3978    0.8134    0.8477
    0.9877    0.9588    0.9709    0.9955    0.9638    0.9837    0.9253
    0.2753    0.2809    0.4005    0.3376    0.6022    0.1866    0.1523
  列 29 至 30
    0.7327    0.3601
    0.2673    0.6399

idx1 =
     1     2     3     4     5     6     7     8     9    10    22    23    24
    25    27    28    29
idx2 =
    11    12    13    14    15    16    17    18    19    20    21    26    30
```

数据的散点图如图 8-1 所示，将数据聚类为两个类别的结果如图 8-2 所示。

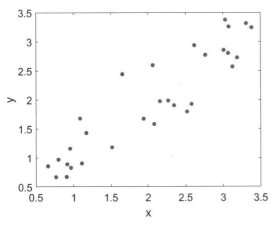

图 8-1　数据的散点图

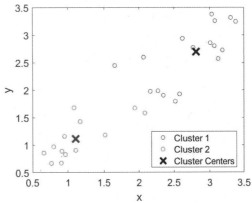

图 8-2　数据的聚类结果(两类)

也可以把数据聚为三类，将程序修改为：

```
x = [2.6189    2.9345
     3.1256    2.5673
     3.0766    3.2534
     2.7652    2.7681
     3.3094    3.3109
     3.0083    2.8526
     3.0309    3.3729
     3.0685    2.7985
     3.1885    2.7219
     3.3811    3.2392
     0.6592    0.8541
     1.1701    1.4274
     1.1095    0.9024
     0.9642    0.8275
     0.9146    0.8879
     1.5145    1.1786
     0.9064    0.6711
     0.9524    1.1568
     0.7653    0.6672
     0.7966    0.9673
     1.0866    1.6759
     2.2680    1.9810
     2.3464    1.9003
     1.6562    2.4408
     2.1588    1.9719
     2.0814    1.5794
     2.5796    1.9226
     2.0642    2.5943
     2.5197    1.7925
     1.9416    1.6707];
x1 = x(:,1);
y1 = x(:,2);
plot(x1,y1,'.','markersize',20)
% 绘制数据的散点图
```

MATLAB 机器学习实用教程

```matlab
xlabel('x','fontsize',15)
ylabel('y','fontsize',15)
set(gca,'FontSize',15)
% 设置坐标轴数字的大小

[centers,U] = fcm(x,3)
% 对 x 进行聚类，3 表示聚为三类

maxU = max(U);
idx1 = find(U(1,:) == maxU)
idx2 = find(U(2,:) == maxU)
idx3 = find(U(3,:) == maxU)
% 把每个数据点聚为隶属度值最大的类
figure(2)
x2 = x(idx1,1);
y2 = x(idx1,2);
plot(x2,y2,'ob')
hold on
x3 = x(idx2,1);
y3 = x(idx2,2);
plot(x3,y3,'or')
hold on
x4 = x(idx3,1);
y4 = x(idx3,2);
plot(x4,y4,'ob')
hold on
plot(centers(1,1),centers(1,2),'xb','MarkerSize',15,'LineWidth',3)
plot(centers(2,1),centers(2,2),'xr','MarkerSize',15,'LineWidth',3)
plot(centers(3,1),centers(3,2),'xr','MarkerSize',15,'LineWidth',3)

hold off
legend('Cluster 1','Cluster 2','Cluster 3','Cluster Centers')
xlabel('x','fontsize',15)
ylabel('y','fontsize',15)
set(gca,'FontSize',15)
% 绘制簇和聚类中心
```

运行结果如下：

```
Iteration count = 1, obj. fcn = 19.938065
Iteration count = 2, obj. fcn = 13.733346
Iteration count = 3, obj. fcn = 7.967265
Iteration count = 4, obj. fcn = 3.861803
Iteration count = 5, obj. fcn = 3.527522
Iteration count = 6, obj. fcn = 3.515282
Iteration count = 7, obj. fcn = 3.514714
Iteration count = 8, obj. fcn = 3.514681
Iteration count = 9, obj. fcn = 3.514679

centers =
    0.9540    0.9705
    2.1996    1.9244
    3.0520    2.9816
```

高等院校计算机教育系列教材

```
U =
  列 1 至 14
    0.0241    0.0209    0.0074    0.0172    0.0148    0.0024    0.0142
    0.0042    0.0100    0.0148    0.9631    0.8075    0.9838    0.9903
    0.1336    0.1197    0.0283    0.1083    0.0517    0.0121    0.0514
    0.0217    0.0501    0.0522    0.0275    0.1578    0.0127    0.0075
    0.8422    0.8593    0.9643    0.8745    0.9335    0.9856    0.9343
    0.9741    0.9398    0.9331    0.0094    0.0346    0.0035    0.0023
  列 15 至 28
    0.9960    0.7081    0.9638    0.9798    0.9550    0.9888    0.6718
    0.0028    0.0077    0.1447    0.0016    0.0719    0.0354    0.0786
    0.0031    0.2468    0.0273    0.0158    0.0335    0.0085    0.2661
    0.9923    0.9793    0.6838    0.9963    0.8875    0.8710    0.6512
    0.0009    0.0451    0.0089    0.0044    0.0115    0.0027    0.0622
    0.0048    0.0130    0.1715    0.0021    0.0406    0.0935    0.2702
  列 29 至 30
    0.0346    0.0788
    0.9017    0.8821
    0.0637    0.0391


idx1 =
    11    12    13    14    15    16    17    18    19    20    21
idx2 =
    22    23    24    25    26    27    28    29    30
idx3 =
     1     2     3     4     5     6     7     8     9    10
```

数据的散点图如图 8-3 所示，将数据聚类为三个类别的结果如图 8-4 所示。

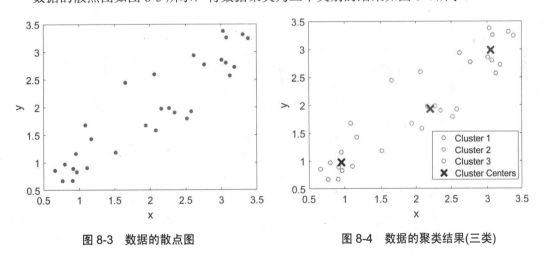

图 8-3　数据的散点图　　　　　　　图 8-4　数据的聚类结果(三类)

8.2　模糊逻辑在时间序列预测中的应用

8.2.1　概述

模糊逻辑也可以应用于时间序列的预测。在 MATLAB R2021a 中，用于预测的函数有以下两个。

1. anfis 函数

它的作用是构建模糊推理系统并进行训练。其调用方法如下：

```
fis = anfis(trainingData)
```

2. evalfis 函数

它的作用是对新数据进行预测。其调用方法如下：

```
output = evalfis(fis,input)
```

8.2.2　模糊逻辑的预测应用案例与 MATLAB 编程

例 1：对 x, y 构建模糊推理系统，并预测新数据对应的结果。

(1)　绘制数据的散点图。MATLAB 程序如下：

```
x = [0        0.2000    0.4000    0.6000    0.8000    1.0000    1.2000 ...
     1.4000   1.6000    1.8000    2.0000    2.2000    2.4000    2.6000 ...
     2.8000   3.0000    3.2000    3.4000    3.6000    3.8000    4.0000 ...
     4.2000   4.4000    4.6000    4.8000    5.0000    5.2000    5.4000 ...
     5.6000   5.8000    6.0000    6.2000    6.4000    6.6000    6.8000 ...
     7.0000   7.2000    7.4000    7.6000    7.8000    8.0000    8.2000 ...
     8.4000   8.6000    8.8000    9.0000    9.2000    9.4000    9.6000 ...
     9.8000   10.0000   10.2000   10.4000   10.6000   10.8000   11.0000 ...
     11.2000  11.4000   11.6000   11.8000   12.0000   12.2000   ...
     12.4000  12.6000];
y = [0        0.1987    0.3894    0.5646    0.7174    0.8415    0.9320 ...
     0.9854   0.9996    0.9738    0.9093    0.8085    0.6755    0.5155 ...
     0.3350   0.1411    -0.0584   -0.2555   -0.4425   -0.6119   -0.7568 ...
     -0.8716  -0.9516   -0.9937   -0.9962   -0.9589   -0.8835   -0.7728 ...
     -0.6313  -0.4646   -0.2794   -0.0831   0.1165    0.3115    0.4941 ...
     0.6570   0.7937    0.8987    0.9679    0.9985    0.9894    0.9407 ...
     0.8546   0.7344    0.5849    0.4121    0.2229    0.0248    -0.1743 ...
     -0.3665  -0.5440   -0.6999   -0.8278   -0.9228   -0.9809   -1.0000 ...
     -0.9792  -0.9193   -0.8228   -0.6935   -0.5366   -0.3582   ...
     -0.1656  0.0336];
x = x';
y = y';
plot(x,y,'.','markersize',20)
% 绘制数据的散点图
xlim([0,13])
ylim([-1.5,1.5])
xlabel('x','fontsize',15)
ylabel('y','fontsize',15)
set(gca,'FontSize',15)
% 设置坐标轴数字的大小
```

数据的散点图如图 8-5 所示。

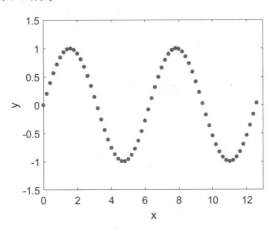

图 8-5　数据的散点图

(2)　构建模糊推理系统，并进行训练。MATLAB 程序为：

```
trainingData = [x y];
fis = anfis(trainingData)
% 构建模糊推理系统并进行训练
```

运行结果如下：

```
ANFIS info:
  Number of nodes: 12
  Number of linear parameters: 4
  Number of nonlinear parameters: 6
  Total number of parameters: 10
  Number of training data pairs: 64
  Number of checking data pairs: 0
  Number of fuzzy rules: 2
Start training ANFIS ...
1       0.51737
2       0.516994
3       0.516618
4       0.516242
Step size increases to 0.011000 after epoch 5.
5       0.515864
6       0.515486
7       0.51507
8       0.514652
Step size increases to 0.012100 after epoch 9.
9       0.514234
10      0.513815
Designated epoch number reached. ANFIS training completed at epoch 10.
Minimal training RMSE = 0.513815
fis =
  sugfis - 属性:

                Name:"fis"
                AndMethod:"prod"
```

```
            OrMethod:"max"
   ImplicationMethod:"prod"
   AggregationMethod:"sum"
   DefuzzificationMethod:    "wtaver"
            Inputs:[1×1 fisvar]
            Outputs:[1×1 fisvar]
            Rules:[1×2 fisrule]
   DisableStructuralChecks: 0
See 'getTunableSettings' method for parameter optimization.
```

(3) 对新数据进行预测。MATLAB 程序为：

```
xnew = [4.5 6.7  8.1   10.9];
yact = [-0.9775   0.4048   0.9699  -0.9954];
ynew = evalfis(fis, xnew)
```

运行结果如下：

```
ynew =
 -0.4114
  0.1410
  0.4088
 -0.3246
```

绘图观察预测效果。MATLAB 程序为：

```
x = [0          0.2000    0.4000    0.6000    0.8000    1.0000    1.2000 ...
    1.4000    1.6000    1.8000    2.0000    2.2000    2.4000    2.6000 ...
    2.8000    3.0000    3.2000    3.4000    3.6000    3.8000    4.0000 ...
    4.2000    4.4000    4.6000    4.8000    5.0000    5.2000    5.4000 ...
    5.6000    5.8000    6.0000    6.2000    6.4000    6.6000    6.8000 ...
    7.0000    7.2000    7.4000    7.6000    7.8000    8.0000    8.2000 ...
    8.4000    8.6000    8.8000    9.0000    9.2000    9.4000    9.6000 ...
    9.8000    10.0000   10.2000   10.4000   10.6000   10.8000   11.0000 ...
    11.2000   11.4000   11.6000   11.8000   12.0000   12.2000 ...
    12.4000   12.6000];
y = [0          0.1987    0.3894    0.5646    0.7174    0.8415    0.9320 ...
    0.9854    0.9996    0.9738    0.9093    0.8085    0.6755    0.5155 ...
    0.3350    0.1411   -0.0584   -0.2555   -0.4425   -0.6119   -0.7568 ...
    -0.8716   -0.9516   -0.9937   -0.9962   -0.9589   -0.8835   -0.7728 ...
    -0.6313   -0.4646   -0.2794   -0.0831    0.1165    0.3115    0.4941 ...
    0.6570    0.7937    0.8987    0.9679    0.9985    0.9894    0.9407 ...
    0.8546    0.7344    0.5849    0.4121    0.2229    0.0248   -0.1743 ...
    -0.3665   -0.5440   -0.6999   -0.8278   -0.9228   -0.9809   -1.0000 ...
    -0.9792   -0.9193   -0.8228   -0.6935   -0.5366   -0.3582 ...
    -0.1656 0.0336];
x = x';
y = y';
% plot(x,y,'.','markersize',20)
plot(x,y,'r-', 'linewidth',2, 'marker','.','markersize',25 )
% 绘制数据的散点图
xlim([0,13])
ylim([-1.5,1.5])
xlabel('x','fontsize',15)
```

```
ylabel('y','fontsize',15)
set(gca,'FontSize',15)
% 设置坐标轴数字的大小
hold on

xnew = [4.5  6.7   8.1   10.9];
yact = [-0.9775   0.4048   0.9699   -0.9954];
ynew = [-0.4114   0.1410   0.4088   -0.3246];
plot(xnew,yact,'r.','markersize',45)
hold on
plot(xnew,ynew,'bo','markersize',25)
xlabel('x','fontsize',15)
ylabel('y','fontsize',15)
% 设置坐标轴标注字号的大小
set(gca,'FontSize',15);
% 设置坐标轴数字的大小
% 绘制数据的散点图
```

对新数据的预测效果如图 8-6 所示。

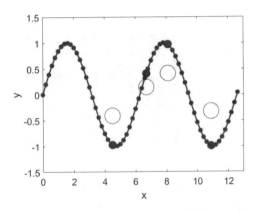

图 8-6 对新数据的预测效果

例 2：预测巴西足球队在世界杯足球赛中的比赛成绩。

从 1930 年到 2022 年期间，按照时间的先后顺序，巴西足球队在历届世界杯足球赛中的比赛成绩为：

负胜负胜胜负胜胜平胜负胜胜胜平负胜平胜胜胜胜平胜胜胜胜胜胜负负胜胜胜胜胜胜平平胜负胜胜负胜平平平胜胜胜胜胜胜负胜胜胜胜胜负胜胜胜负胜平胜胜胜胜胜胜负胜胜胜负胜胜胜胜胜胜胜胜胜胜负胜胜平胜负胜平胜胜胜负负平胜胜胜负胜胜负胜负。

对此构建模糊推理系统，预测巴西足球队在 2018 年世界杯足球赛中的比赛成绩，并和实际情况进行对比。

(1) 绘制数据的散点图。MATLAB 程序如下：

```
x1 = 1:103;
% 2014 年及之前的比赛序号
x2 = [109 110 111 112 113];
% 2022 年 5 场比赛的序号
x = [x1 x2];
y = [0 3 0 3 3 0 3 3 1 3 0 3 3 3 1 0 3 1 3 3 3 3 1 3 ...
```

```
    3 3 3 3 3 0 0 3 3 3 3 3 3 3 1 1 3 0 3 3 3 0 3 1 1 1 ...
    3 3 3 3 3 0 3 3 3 3 3 0 3 3 3 0 3 1 3 3 3 3 3 ...
    3 3 0 3 3 3 0 3 3 3 3 3 3 3 3 3 3 3 0 3 3 1 3 0 ...
    3 1 3 3 3 0 0  3 3 0 3 0];
% 分别用 3、1、0 代表胜、平、负
x = x';
y = y';
plot(x,y,'r-', 'linewidth',2, 'marker','.','markersize',25 )
% 绘制数据的散点图
ylim([0,5])
xlabel('x','fontsize',15)
ylabel('y','fontsize',15)
set(gca,'FontSize',15)
% 设置坐标轴数字的大小
```

数据的散点图如图 8-7 所示。

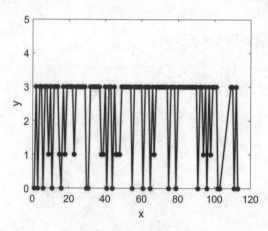

图 8-7　数据的散点图

(2) 构建模糊推理系统。MATLAB 程序如下：

```
trainingData = [x y];
fis = anfis(trainingData)
% 构建模糊推理系统并进行训练
```

运行结果如下：

```
ANFIS info:
  Number of nodes: 12
  Number of linear parameters: 4
  Number of nonlinear parameters: 6
  Total number of parameters: 10
  Number of training data pairs: 108
  Number of checking data pairs: 0
  Number of fuzzy rules: 2
Start training ANFIS ...
1      1.20706
2      1.20703
3      1.20699
4      1.20696
```

```
Step size increases to 0.011000 after epoch 5.
5       1.20693
6       1.2069
7       1.20687
8       1.20683
Step size increases to 0.012100 after epoch 9.
9       1.2068
10      1.20676
Designated epoch number reached. ANFIS training completed at epoch 10.
Minimal training RMSE = 1.20676
fis =
  sugfis - 属性:

                       Name: "fis"
                  AndMethod: "prod"
                   OrMethod:"max"
          ImplicationMethod:    "prod"
          AggregationMethod:    "sum"
       DefuzzificationMethod:    "wtaver"
                     Inputs:    [1×1 fisvar]
                    Outputs:[1×1 fisvar]
                      Rules:    [1×2 fisrule]
       DisableStructuralChecks:  0
  See 'getTunableSettings' method for parameter optimization.
```

(3)　预测新数据。预测巴西队在 2018 年世界杯足球赛中 5 场比赛的成绩。MATLAB
程序如下：

```
xnew = [104 105 106 107 108];
% 预测 2018 年 5 场比赛的成绩，序号为 xnew
yact = [1 3 3 3 0];
ynew = evalfis(fis,xnew)
```

运行结果如下：

```
ynew =
  1.8909
  1.8634
  1.8357
  1.8078
  1.7798
```

绘图观察预测效果。MATLAB 程序如下：

```
x1 = 1:103;
% 2014 年及之前的比赛序号
x2 = [109 110 111 112 113];
% 2022 年 5 场比赛的序号
x = [x1 x2];
y = [0 3 0 3 3 0 3 3 1 3 0 3 3 3 1 0 3 1 3 3 3 3 1 3 ...
     3 3 3 3 0 0 3 3 3 3 3 3 3 1 1 3 0 3 3 0 3 0 3 1 1 1 ...
     3 3 3 3 3 3 0 3 3 3 3 3 0 3 3 3 0 3 1 3 3 3 3 3 ...
     3 3 0 3 3 3 0 3 3 3 3 3 3 3 3 3 3 3 3 0 3 3 1 3 0 ...
     3 1 3 3 3 0 0  3 3 0 3 0];
% 分别用 3、1、0 代表胜、平、负
```

```
x = x';
y = y';
plot(x,y,'r-', 'linewidth',2, 'marker','.','markersize',25 )
% 绘制数据的散点图
ylim([0,5])
xlabel('x','fontsize',15)
ylabel('y','fontsize',15)
set(gca,'FontSize',15)
% 设置坐标轴数字的大小
% axis equal
hold on

xnew = [104 105 106 107 108];
% 预测2018年5场比赛的成绩，序号为xnew
yact = [1 3 3 3 0];
ynew = [1.8909  1.8634  1.8357  1.8078  1.7798];
plot(xnew,yact,'r.','markersize',45)
hold on
plot(xnew,ynew,'bo','markersize',25)
xlabel('x','fontsize',15)
ylabel('y','fontsize',15)
% 设置坐标轴标注字号的大小
set(gca,'FontSize',15);
% 设置坐标轴数字的大小
% 绘制数据的散点图
```

对巴西足球队在 2018 年世界杯足球赛中的比赛成绩的预测效果如图 8-8 所示。

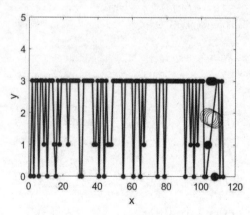

图 8-8 对 2018 年比赛成绩的预测效果

第 9 章

集 成 学 习

集成学习(ensemble learning)是把多个机器学习模型组合起来进行学习，然后解决问题的一种机器学习算法。在这种算法中，各个单个的学习模型叫做基学习器(base learner)，由多个基学习器构成的学习模型叫做强学习器(strong learner)，它的功能更强大、性能更优异。

9.1 集成学习在回归中的应用

在 MATLAB R2021a 中，有几个集成学习函数可以用于进行回归分析。

9.1.1 fitrensemble 函数

fitrensemble 函数的调用方法是：

```
Mdl = fitrensemble(X,Y)
```

9.1.2 fitrensemble 函数的回归应用案例与 MATLAB 编程

例 1：对 x, y 用集成学习模型进行回归分析，并预测新数据对应的结果。
(1) 绘制数据的散点图。MATLAB 程序如下：

```
x = [0          0.2000      0.4000      0.6000      0.8000      1.0000      1.2000 ...
     1.4000     1.6000      1.8000      2.0000      2.2000      2.4000      2.6000 ...
     2.8000     3.0000      3.2000      3.4000      3.6000      3.8000      4.0000 ...
     4.2000     4.4000      4.6000      4.8000      5.0000      5.2000      5.4000 ...
     5.6000     5.8000      6.0000      6.2000      6.4000      6.6000      6.8000 ...
     7.0000     7.2000      7.4000      7.6000      7.8000      8.0000      8.2000 ...
     8.4000     8.6000      8.8000      9.0000      9.2000      9.4000      9.6000 ...
     9.8000     10.0000     10.2000     10.4000     10.6000     10.8000     11.0000 ...
     11.2000    11.4000     11.6000     11.8000     12.0000     12.2000     ...
     12.4000    12.6000];
y = [0          0.1987      0.3894      0.5646      0.7174      0.8415      0.9320 ...
     0.9854     0.9996      0.9738      0.9093      0.8085      0.6755      0.5155 ...
     0.3350     0.1411      -0.0584     -0.2555     -0.4425     -0.6119     -0.7568 ...
```

```
         -0.8716    -0.9516    -0.9937    -0.9962    -0.9589    -0.8835    -0.7728 ...
         -0.6313    -0.4646    -0.2794    -0.0831     0.1165     0.3115     0.4941 ...
          0.6570     0.7937     0.8987     0.9679     0.9985     0.9894     0.9407 ...
          0.8546     0.7344     0.5849     0.4121     0.2229     0.0248    -0.1743 ...
         -0.3665    -0.5440    -0.6999    -0.8278    -0.9228    -0.9809    -1.0000 ...
         -0.9792    -0.9193    -0.8228    -0.6935    -0.5366    -0.3582 ...
         -0.1656  0.0336];
x = x';
y = y';
plot(x,y,'bo','markersize',5)
% 绘制数据的散点图
xlim([0,13])
ylim([-1.5,1.5])
xlabel('x','fontsize',15)
ylabel('y','fontsize',15)
set(gca,'FontSize',15)
% 设置坐标轴数字的大小
```

数据的散点图如图 9-1 所示。

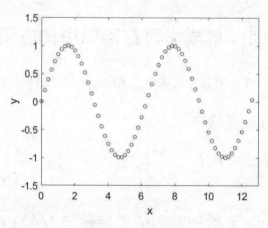

图 9-1　数据的散点图

(2)　构建集成学习模型，并进行训练。MATLAB 程序如下：

```
Mdl = fitrensemble(x, y)
```

运行结果如下：

```
Mdl =
  RegressionEnsemble
           ResponseName:'Y'
      CategoricalPredictors:     []
      ResponseTransform:'none'
         NumObservations:     64
             NumTrained:     100
                 Method:'LSBoost'
      LearnerNames:{'Tree'}
      ReasonForTermination:        '在完成请求的训练周期数后正常终止。'
             FitInfo:[100×1 double]
```

```
        FitInfoDescription:{2×1 cell}
        Regularization:[]
 Properties, Methods
```

分别单击 Properties 和 Methods，可以看到模型的属性和方法：

```
类 classreg.learning.regr.RegressionEnsemble 的属性:
    Regularization
    Y
    X
    RowsUsed
    W
    ModelParameters
    NumObservations
    BinEdges
    HyperparameterOptimizationResults
    PredictorNames
    CategoricalPredictors
    ResponseName
    ExpandedPredictorNames
    ResponseTransform
    Method
    LearnerNames
    ReasonForTermination
    FitInfo
    FitInfoDescription
    UsePredForLearner
    NumTrained
    Trained
    TrainedWeights
    CombineWeights
类 classreg.learning.regr.RegressionEnsemble 的方法:
compact    loss                 predict              resubLoss     shrink
crossval   partialDependence    predictorImportance  resubPredict
cvshrink   plotPartialDependence regularize          resume
```

(3) 对新数据进行预测。MATLAB 程序如下：

```
xnew = [4.5  6.7  8.1  10.9];
xnew = xnew';
yact = [-0.9775  0.4048  0.9699  -0.9954];
ynew = predict(Mdl,xnew)
```

运行结果如下：

```
ynew =
   -0.9938
    0.4962
    0.9408
   -0.9999
```

绘图观察预测效果。MATLAB 程序如下：

```
x = [0          0.2000     0.4000     0.6000     0.8000     1.0000     1.2000 ...
     1.4000     1.6000     1.8000     2.0000     2.2000     2.4000     2.6000 ...
     2.8000     3.0000     3.2000     3.4000     3.6000     3.8000     4.0000 ...
     4.2000     4.4000     4.6000     4.8000     5.0000     5.2000     5.4000 ...
     5.6000     5.8000     6.0000     6.2000     6.4000     6.6000     6.8000 ...
     7.0000     7.2000     7.4000     7.6000     7.8000     8.0000     8.2000 ...
     8.4000     8.6000     8.8000     9.0000     9.2000     9.4000     9.6000 ...
     9.8000     10.0000    10.2000    10.4000    10.6000    10.8000    11.0000 ...
     11.2000    11.4000    11.6000    11.8000    12.0000    12.2000 ...
     12.4000    12.6000];
y = [0          0.1987     0.3894     0.5646     0.7174     0.8415     0.9320 ...
     0.9854     0.9996     0.9738     0.9093     0.8085     0.6755     0.5155 ...
     0.3350     0.1411    -0.0584    -0.2555    -0.4425    -0.6119    -0.7568 ...
    -0.8716    -0.9516    -0.9937    -0.9962    -0.9589    -0.8835    -0.7728 ...
    -0.6313    -0.4646    -0.2794    -0.0831     0.1165     0.3115     0.4941 ...
     0.6570     0.7937     0.8987     0.9679     0.9985     0.9894     0.9407 ...
     0.8546     0.7344     0.5849     0.4121     0.2229     0.0248    -0.1743 ...
    -0.3665    -0.5440    -0.6999    -0.8278    -0.9228    -0.9809    -1.0000 ...
    -0.9792    -0.9193    -0.8228    -0.6935    -0.5366    -0.3582 ...
    -0.1656     0.0336];
x = x';
y = y';
% plot(x,y,'.','markersize',20)
plot(x,y,'r-', 'linewidth',2, 'marker','.','markersize',25 )
% 绘制数据的散点图
xlim([0,13])
ylim([-1.5,1.5])
xlabel('x','fontsize',15)
ylabel('y','fontsize',15)
set(gca,'FontSize',15)
% 设置坐标轴数字的大小
hold on

xnew = [4.5  6.7   8.1   10.9];
yact = [-0.9775    0.4048    0.9699   -0.9954];
ynew = [-0.9938    0.4962    0.9408   -0.9999];
plot(xnew,yact,'r.','markersize',45)
hold on
plot(xnew,ynew,'bo','markersize',25)
xlabel('x','fontsize',15)
ylabel('y','fontsize',15)
% 设置坐标轴标注字号的大小
set(gca,'FontSize',15);
% 设置坐标轴数字的大小
% 绘制数据的散点图
```

fitrensemble 函数对新数据的预测效果如图 9-2 所示。

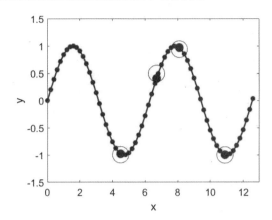

图 9-2　fitrensemble 函数对新数据的预测效果

可以看出，集成学习模型对新数据的预测效果特别好。

9.1.3　TreeBagger 函数

TreeBagger 函数的调用方法如下：

```
B = TreeBagger(NumTrees, X, Y, 'Method','regression')
```

其中，NumTrees 是弱学习器的数量，由用户设置。

9.1.4　TreeBagger 函数的回归应用案例与 MATLAB 编程

例 2：对 x, y 用集成学习模型进行回归分析，并预测新数据对应的结果。

(1)　绘制数据的散点图。MATLAB 程序如下：

```
x = [0          0.2000     0.4000     0.6000     0.8000     1.0000     1.2000 ...
     1.4000     1.6000     1.8000     2.0000     2.2000     2.4000     2.6000 ...
     2.8000     3.0000     3.2000     3.4000     3.6000     3.8000     4.0000 ...
     4.2000     4.4000     4.6000     4.8000     5.0000     5.2000     5.4000 ...
     5.6000     5.8000     6.0000     6.2000     6.4000     6.6000     6.8000 ...
     7.0000     7.2000     7.4000     7.6000     7.8000     8.0000     8.2000 ...
     8.4000     8.6000     8.8000     9.0000     9.2000     9.4000     9.6000 ...
     9.8000    10.0000    10.2000    10.4000    10.6000    10.8000    11.0000 ...
    11.2000    11.4000    11.6000    11.8000    12.0000    12.2000     ...
    12.4000    12.6000];
y = [0          0.1987     0.3894     0.5646     0.7174     0.8415     0.9320 ...
     0.9854     0.9996     0.9738     0.9093     0.8085     0.6755     0.5155 ...
     0.3350     0.1411    -0.0584    -0.2555    -0.4425    -0.6119    -0.7568 ...
    -0.8716    -0.9516    -0.9937    -0.9962    -0.9589    -0.8835    -0.7728 ...
    -0.6313    -0.4646    -0.2794    -0.0831     0.1165     0.3115     0.4941 ...
     0.6570     0.7937     0.8987     0.9679     0.9985     0.9894     0.9407 ...
     0.8546     0.7344     0.5849     0.4121     0.2229     0.0248    -0.1743 ...
    -0.3665    -0.5440    -0.6999    -0.8278    -0.9228    -0.9809    -1.0000 ...
    -0.9792    -0.9193    -0.8228    -0.6935    -0.5366    -0.3582 ...
```

119

```
      -0.1656  0.0336];
x = x';
y = y';
plot(x,y,'bo','markersize',5)
% 绘制数据的散点图
xlim([0,13])
ylim([-1.5,1.5])
xlabel('x','fontsize',15)
ylabel('y','fontsize',15)
set(gca,'FontSize',15)
% 设置坐标轴数字的大小
```

数据的散点图如图 9-3 所示。

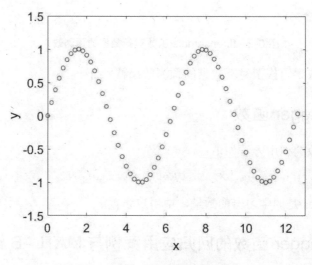

图 9-3 数据的散点图

(2) 构建集成学习模型，并进行训练。MATLAB 程序如下：

```
Mdl = TreeBagger(100,x,y, 'Method','regression')
% 100 是弱学习器的数量，由用户设置
```

运行结果如下：

```
Mdl =
  TreeBagger
集成了 100 个装袋决策树:
      Training X:      [64x1]
      Training Y:      [64x1]
      Method:    regression
      NumPredictors: 1
      NumPredictorsToSample:1
      MinLeafSize:    5
      InBagFraction: 1
      SampleWithReplacement:1
      ComputeOOBPrediction: 0
ComputeOOBPredictorImportance: 0
      Proximity:       []
Properties, Methods
```

分别单击 Properties 和 Methods，可以看到模型的属性和方法：

```
类 TreeBagger 的属性:
    X
    Y
    W
    SampleWithReplacement
    ComputeOOBPrediction
    Prune
    MergeLeaves
    OOBIndices
    InBagFraction
    TreeArguments
    ComputeOOBPredictorImportance
    NumPredictorsToSample
    MinLeafSize
    Trees
    NumTrees
    ClassNames
    Prior
    Cost
    PredictorNames
    Method
    OOBInstanceWeight
    OOBPermutedPredictorDeltaError
    OOBPermutedPredictorDeltaMeanMargin
    OOBPermutedPredictorCountRaiseMargin
    DeltaCriterionDecisionSplit
    NumPredictorSplit
    SurrogateAssociation
    Proximity
    OutlierMeasure
    DefaultYfit
类 TreeBagger 的方法:
TreeBagger  fillprox    meanMargin       oobPredict        plotPartialDependence
Append      growTrees   oobError         oobQuantileError  predict
compact     margin      oobMargin        oobQuantilePredict quantileError
error       mdsprox     oobMeanMargin    partialDependence  quantilePredict
Static 方法:
loadobj
```

(3) 对新数据进行预测。MATLAB 程序如下：

```
xnew = [4.5  6.7  8.1  10.9];
xnew = xnew';
yact = [-0.9775  0.4048  0.9699  -0.9954];
ynew = predict(Mdl,xnew)
```

运行结果如下：

```
ynew =
  -0.8139
   0.5056
```

```
    0.8023
   -0.8198
```

绘图观察预测效果。MATLAB 程序如下：

```
x = [0          0.2000    0.4000    0.6000    0.8000    1.0000    1.2000 ...
     1.4000     1.6000    1.8000    2.0000    2.2000    2.4000    2.6000 ...
     2.8000     3.0000    3.2000    3.4000    3.6000    3.8000    4.0000 ...
     4.2000     4.4000    4.6000    4.8000    5.0000    5.2000    5.4000 ...
     5.6000     5.8000    6.0000    6.2000    6.4000    6.6000    6.8000 ...
     7.0000     7.2000    7.4000    7.6000    7.8000    8.0000    8.2000 ...
     8.4000     8.6000    8.8000    9.0000    9.2000    9.4000    9.6000 ...
     9.8000     10.0000   10.2000   10.4000   10.6000   10.8000   11.0000 ...
     11.2000    11.4000   11.6000   11.8000   12.0000   12.2000   ...
     12.4000    12.6000];
y = [0          0.1987    0.3894    0.5646    0.7174    0.8415    0.9320 ...
     0.9854     0.9996    0.9738    0.9093    0.8085    0.6755    0.5155 ...
     0.3350     0.1411    -0.0584   -0.2555   -0.4425   -0.6119   -0.7568 ...
     -0.8716    -0.9516   -0.9937   -0.9962   -0.9589   -0.8835   -0.7728 ...
     -0.6313    -0.4646   -0.2794   -0.0831   0.1165    0.3115    0.4941 ...
     0.6570     0.7937    0.8987    0.9679    0.9985    0.9894    0.9407 ...
     0.8546     0.7344    0.5849    0.4121    0.2229    0.0248    -0.1743 ...
     -0.3665    -0.5440   -0.6999   -0.8278   -0.9228   -0.9809   -1.0000 ...
     -0.9792    -0.9193   -0.8228   -0.6935   -0.5366   -0.3582   ...
     -0.1656    0.0336];
x = x';
y = y';
% plot(x,y,'.','markersize',20)
plot(x,y,'r-', 'linewidth',2, 'marker','.','markersize',25 )
% 绘制数据的散点图
xlim([0,13])
ylim([-1.5,1.5])
xlabel('x','fontsize',15)
ylabel('y','fontsize',15)
set(gca,'FontSize',15)
% 设置坐标轴数字的大小
hold on

xnew = [4.5  6.7  8.1  10.9];
yact = [-0.9775  0.4048  0.9699  -0.9954];
ynew = [-0.8139  0.5056  0.8023  -0.8198];
plot(xnew,yact,'r.','markersize',45)
hold on
plot(xnew,ynew,'bo','markersize',25)
xlabel('x','fontsize',15)
ylabel('y','fontsize',15)
% 设置坐标轴标注字号的大小
set(gca,'FontSize',15);
% 设置坐标轴数字的大小
% 绘制数据的散点图
```

TreeBagger 函数对新数据的预测效果如图 9-4 所示。

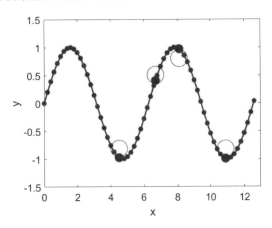

图 9-4　TreeBagger 函数对新数据的预测效果

可以看出，TreeBagger 函数对新数据的预测效果也很好。

9.2　集成学习在分类中的应用

在 MATLAB R2021a 中，也有几个集成学习函数用于进行分类。

9.2.1　fitcensemble 函数

fitcensemble 函数的调用方法为：

```
Mdl = fitcensemble(X,Y)
```

9.2.2　fitcensemble 函数的分类应用案例与 MATLAB 编程

例 1：表 9-1 是患者的心电图测试指标及患者的类型(其中，G1 表示健康，G2 表示患有主动脉硬化，G3 表示患有冠心病)。

表 9-1　心电图测试指标及患者类型

序号	1	2	3	4	5	6	7
指标 1	261.01	185.39	249.58	137.13	231.34	347.31	189.56
指标 2	7.36	5.99	6.11	4.35	8.79	11.19	6.94
类型	G1	G1	G1	G1	G1	G3	G3
序号	8	9	10	11	12	13	14
指标 1	259.51	273.84	303.59	231.03	308.90	258.69	355.54
指标 2	9.79	8.79	8.53	6.15	8.49	7.16	9.43
类型	G1	G1	G1	G1	G2	G2	G2

续表

序号	15	16	17	18	19	20	21
指标 1	476.69	331.47	274.57	409.42	330.34	352.50	231.38
指标 2	11.32	13.72	9.67	10.49	9.61	11.00	8.53
类型	G2	G3	G2	G2	G3	G3	G1
序号	22	23	24				
指标 1	260.25	316.12	267.88				
指标 2	10.02	8.17	10.66				
类型	G1	G2	G3				

用 1～20 号样本作为训练样本，对 21～24 号样本进行判别分析，确定他们的类型。

(1) 创建集成学习模型，并进行训练。MATLAB 程序如下：

```
x1 = [261.01  185.39  249.58  137.13  231.34  347.31  189.56 259.51......
    273.84  303.59  231.03  308.90  258.69  355.54  476.69......
    331.47  274.57  409.42  330.34  352.50];
x2 = [7.36  5.99  6.11  4.35  8.79  11.19  6.94 9.79  8.79......
    8.53  6.15  8.49  7.16  9.43 11.32  13.72  9.67  10.49......
    9.61  11.00];
x = [x1
    x2];
x = x';
y = [1 1 1 1 1 3 3 1 1 1 1 2 2 2 2 3 2 2 3 3];
y = y';
Mdl = fitcensemble(x, y)
% 创建集成学习模型并进行训练
```

运行结果如下：

```
Mdl =
 ClassificationEnsemble
           ResponseName:'Y'
     CategoricalPredictors:    []
           ClassNames:[1 2 3]
           ScoreTransform:'none'
     NumObservations: 20
           NumTrained: 0
           Method:   'AdaBoostM2'
           LearnerNames:{'Tree'}
ReasonForTermination:'来自最后一个弱学习器的伪损失不是正值。'
           FitInfo:   [0×1 double]
     FitInfoDescription: {2×1 cell}
 Properties, Methods
```

分别单击 Properties 和 Methods，可以查看模型的属性和方法：

```
类 classreg.learning.classif.ClassificationEnsemble 的属性:
   Y
   X
```

```
RowsUsed
W
ModelParameters
NumObservations
BinEdges
HyperparameterOptimizationResults
PredictorNames
CategoricalPredictors
ResponseName
ExpandedPredictorNames
ClassNames
Prior
Cost
ScoreTransform
Method
LearnerNames
ReasonForTermination
FitInfo
FitInfoDescription
UsePredForLearner
NumTrained
Trained
TrainedWeights
CombineWeights
```

类 classreg.learning.classif.ClassificationEnsemble 的方法：

```
compact  edge  partialDependence  predictorImportance  resubMargin
compareHoldout  loss  plotPartialDependence  resubEdge
resubPredict  crossval  margin  predict  resubLoss  resume
```

(2)　对新样本进行分类。MATLAB 程序如下：

```
x1new = [231.38  260.25  316.12  267.88];
x2new = [8.53  10.02  8.17  10.66];
% 待分类的新样本
xnew = [x1new
        x2new];
xnew = xnew';
yact = [1 1 2 3];
ynew = predict(Mdl, xnew)
% 对新样本进行分类
```

运行结果如下：

```
ynew =
    1
    1
    1
    1
```

绘图观察分类效果。MATLAB 程序如下：

```
x = [1 2 3 4];
yact = [1 1 2 3];
```

```
ynew = [1 1 1 1];
plot(x,yact,'r.','markersize',45)
hold on
plot(x,ynew,'bo','markersize',25)
xlabel('x','fontsize',15)
ylabel('y','fontsize',15)
% 设置坐标轴标注字号的大小
set(gca,'FontSize',15);
% 设置坐标轴数字的大小
% 绘制数据的散点图
```

fitcensemble 函数对 21～24 号样本的分类效果如图 9-5 所示。

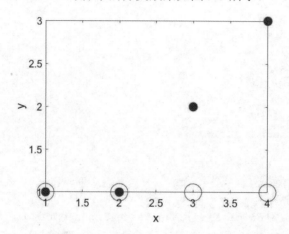

图 9-5   fitcensemble 函数对 21～24 号样本的分类效果

9.2.3   TreeBagger 函数

使用 TreeBagger 函数也可以进行分类。其调用方法为：

```
Mdl = TreeBagger(NumTrees, X, Y, 'Method', 'classification')
```

其中，NumTrees 是弱学习器的数量，由用户设置。

9.2.4   TreeBagger 函数的分类应用案例与 MATLAB 编程

例 2：以 9.2.2 节例 1 为例，使用 TreeBagger 函数进行集成学习分类。

(1)   创建集成学习模型，并进行训练。MATLAB 程序如下：

```
x1 = [261.01  185.39  249.58  137.13  231.34  347.31  189.56  259.51......
      273.84  303.59  231.03  308.90  258.69  355.54  476.69......
      331.47  274.57  409.42  330.34  352.50];
x2 = [7.36 5.99 6.11 4.35 8.79 11.19 6.94 9.79 8.79......
      8.53 6.15 8.49 7.16 9.43 11.32 13.72 9.67 10.49......
      9.61 11.00];
x = [x1
    x2];
x = x';
```

```
y = [1 1 1 1 1 3 3 1 1 1 1 2 2 2 2 3 2 2 3 3];
y = y';
Mdl = TreeBagger(100, x, y, 'Method', 'classification')
% 创建集成学习模型并进行训练,100 是基学习器的数量
```

运行结果如下:

```
Mdl =
  TreeBagger
集成了 100 个装袋决策树:
                  Training X:[20x2]
                  Training Y:[20x1]
                  Method:    classification
            NumPredictors: 2
      NumPredictorsToSample:2
            MinLeafSize:    1
        InBagFraction: 1
        SampleWithReplacement:1
        ComputeOOBPrediction: 0
  ComputeOOBPredictorImportance:  0
            Proximity:[]
            ClassNames:    '1'        '2'        '3'
 Properties, Methods
```

分别单击 Properties 和 Methods，观察模型的属性和方法:

```
类 TreeBagger 的属性:
    X
    Y
    W
    SampleWithReplacement
    ComputeOOBPrediction
    Prune
    MergeLeaves
    OOBIndices
    InBagFraction
    TreeArguments
    ComputeOOBPredictorImportance
    NumPredictorsToSample
    MinLeafSize
    Trees
    NumTrees
    ClassNames
    Prior
    Cost
    PredictorNames
    Method
    OOBInstanceWeight
```

```
    OOBPermutedPredictorDeltaError
    OOBPermutedPredictorDeltaMeanMargin
    OOBPermutedPredictorCountRaiseMargin
    DeltaCriterionDecisionSplit
    NumPredictorSplit
    SurrogateAssociation
    Proximity
    OutlierMeasure
DefaultYfit
```

类 TreeBagger 的方法：

```
TreeBagger  fillprox  meanMargin  oobPredict  plotPartialDependence
append  growTrees  oobError  oobQuantileError  predict
compact  margin  oobMargin  oobQuantilePredict  quantileError
error  mdsprox  oobMeanMargin  partialDependence  quantilePredict
```

Static 方法：

```
loadobj
```

(2) 对新样本进行分类。MATLAB 程序如下：

```
x1new = [231.38  260.25  316.12  267.88];
x2new = [8.53  10.02  8.17  10.66];
% 待分类的新样本
xnew = [x1new
        x2new];
xnew = xnew';
yact = [1 1 2 3];
ynew = predict(Mdl, xnew)
% 对新样本进行分类
```

运行结果如下：

```
ynew =
  4×1 cell 数组
    {'1'}
    {'1'}
    {'2'}
    {'1'}
```

绘图观察分类效果。MATLAB 程序如下：

```
x = [1 2 3 4];
yact = [1 1 2 3];
ynew = [1 1 2 1];
plot(x,yact,'r.','markersize',45)
hold on
plot(x,ynew,'bo','markersize',25)
xlabel('x','fontsize',15)
ylabel('y','fontsize',15)
% 设置坐标轴标注字号的大小
set(gca,'FontSize',15);
```

```
% 设置坐标轴数字的大小
% 绘制数据的散点图
```

TreeBagger 函数对 21～24 号样本的分类效果如图 9-6 所示。

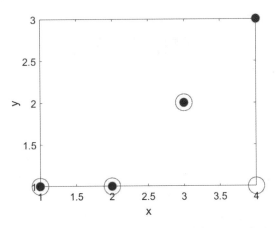

图 9-6　TreeBagger 函数对 21～24 号样本的分类效果

第 10 章

半监督学习

前面介绍的回归、分类、人工神经网络、支持向量机、决策树等机器学习算法都属于监督学习，它们的特点是：使用的训练样本既包括影响因素，也包括对应的结果，即标记信息，这种样本叫做有标记样本。而前面介绍的聚类算法中，使用的训练样本却没有标记信息，也就是人们并不知道每个样本属于哪一类，这种机器学习类型(或算法)叫做无监督学习。

在很多时候，收集数据相对比较容易，而收集标记信息却比较困难。比如，研究新材料时，研究者可以轻松地设计材料的化学成分，但是每种材料(即化学成分的组合)对应的标记信息——性能，则很难了解，一般需要花费大量的时间和资金进行测试。

所以，在很多实际问题中，经常既包含一些有标记的数据样本，同时也包含一些无标记的数据样本。半监督学习(semi-supervised learning，SSL)就是一种既使用有标记的样本数据，又使用无标记的样本数据的机器学习类型(或算法)。可以认为，半监督学习是监督学习和无监督学习相结合的一种学习方法，在机器视觉、模式识别、文本分类、自然语言处理、深度学习等领域具有重要的应用价值，目前已经成为机器学习领域的一个热门方向。

在 MATLAB R2021a 中，提供了两种半监督学习算法用于分类：图形法和自训练法。本章将对这两种算法进行介绍。

10.1　基于图形法的半监督学习分类

10.1.1　概述

进行基于图形法的半监督学习分类使用的函数是 fitsemigraph。其调用方法如下：

```
Mdl = fitsemigraph(x, y, unlabeledx)
```

其中，x 是已经标记的数据，y 是 x 的标签，unlabeledx 是未标记的数据。

10.1.2　基于图形法的半监督学习分类案例与 MATLAB 编程

例 1： 已知 x 是数据的坐标，y 是 x 对应的类别。对 x, y 用半监督学习算法进行分类，并预测新数据对应的结果。

(1)　绘制数据的散点图。MATLAB 程序如下：

```
x = [2.6189    2.9345
     3.1256    2.5673
     3.0766    3.2534
     2.7652    2.7681
     3.3094    3.3109
     3.0083    2.8526
     3.0309    3.3729
     3.0685    2.7985
     3.1885    2.7219
     3.3811    3.2392
     0.6592    0.8541
     1.1701    1.4274
     1.1095    0.9024
     0.9642    0.8275
     0.9146    0.8879
     1.5145    1.1786
     0.9064    0.6711
     0.9524    1.1568
     0.7653    0.6672
     0.7966    0.9673
     1.0866    1.6759
     2.2680    1.9810
     2.3464    1.9003
     1.6562    2.4408
     2.1588    1.9719
     2.0814    1.5794
     2.5796    1.9226
     2.0642    2.5943
     2.5197    1.7925
     1.9416    1.6707];
y = [1    1    1    1    1    1    1    1    1    1 ...
     2    2    2    2    2    2    2    2    2    2 ...
     3    3    3    3    3    3    3    3    3    3];
y = y';
x1 = x(:,1);
y1 = x(:,2);
scatter(x1,y1,[],y,'filled')
xlabel('x','fontsize',15)
ylabel('y','fontsize',15)
% 设置坐标轴标注字号的大小
set(gca,'FontSize',15);
box on
% 设置坐标轴数字的大小
% 绘制数据的散点图
```

数据的散点图如图 10-1 所示。

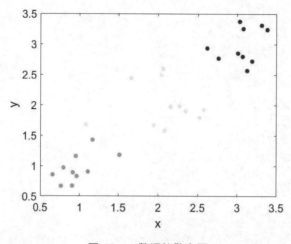

图 10-1 数据的散点图

(2) 构建基于图形法的半监督学习模型，并进行训练。MATALAB 程序如下：

```
unlabeledx = [
    3.2460    2.8505
    3.0253    3.1047
    2.9093    2.8276
    2.8153    3.1678
    2.6300    3.0377
    3.0383    2.7522
    2.9207    3.2092
    3.0797    3.1186
    2.6359    3.3130
    3.3305    2.7768
    3.1218    2.7762
    2.6083    3.0783
    3.2643    3.1668
    2.8531    3.2070
    3.0756    3.0016
    3.0549    2.9410
    2.7804    3.1632
    2.2847    3.4911
    3.1339    3.2211
    2.9145    3.0211
    0.8564    0.9045
    1.1249    0.6572
    0.8790    1.0026
    1.0596    1.0510
    1.1946    0.8972
    1.2311    1.1659
    1.1470    1.0564
    1.3445    0.9468
    1.4628    0.9890
    0.5256    1.1145
    0.5553    0.8896
```

```
     0.7693    0.7363
     0.5005    0.9611
     0.9107    1.0323
     0.9159    1.1274
     1.0626    0.9925
     1.0715    0.8857
     0.8285    1.1491
     0.7967    0.9716
     1.1984    1.2018
     1.9551    1.5441
     1.9969    2.0247
     1.9541    2.5390
     1.5394    2.1541
     1.5365    2.1498
     1.5194    1.9014
     2.8924    1.9268
     1.8999    1.9485
     2.4702    0.6005
     2.1746    2.1966
     2.9296    2.4951
     2.4635    1.3512
     1.3865    1.2390
     1.8364    2.3105
     2.4458    1.2462
     2.1441    1.1603
     3.1326    2.3945
     1.9761    1.6729
     1.2241    2.6225
     2.2220    1.3539];
% 待分类的数据
Labelact = [1    1    1    1    1    1    1    1    1 ...
            1    1    1    1    1    1    1    1    1    1 ...
            1    2    2    2    2    2    2    2    2    2 ...
            2    2    2    2    2    2    2    2    2 ...
            2    3    3    3    3    3    3    3    3    3 ...
            3    3    3    3    3    3    3    3    3 ...
            3    3];
% 待分类数据的实际类别
Mdl = fitsemigraph(x, y , unlabeledx)
```

运行结果如下:

```
Mdl =
  SemiSupervisedGraphModel - 属性:
        FittedLabels:[60×1 double]
        LabelScores:[60×3 double]
        ClassNames:[1 2 3]
        ResponseName:'Y'
  CategoricalPredictors:    []
  Method:    'labelpropagation'
Properties, Methods
```

分别单击 Properties, Methods，查看模型的属性和方法：

```
类 SemiSupervisedGraphModel 的属性：
   Method
   FittedLabels
   LabelScores
   CategoricalPredictors
   PredictorNames
   ResponseName
   ClassNames
类 SemiSupervisedGraphModel 的方法：
predict
```

(3) 对未标记的数据进行标记。MATLAB 程序如下：

```
m1 = Mdl.LabelScores
maxLabelScores = max(Mdl.LabelScores,[],2) ;
maxLabelScores = maxLabelScores'
rescaledScores = rescale(maxLabelScores,0.05,0.95)
figure(2)
xu1 = unlabeledx(:,1);
xu2 = unlabeledx(:,2);
m3 = Mdl.FittedLabels;
m3 = m3'
scatter(xu1,xu2,[],Mdl.FittedLabels,'filled', ...
'MarkerFaceAlpha','flat','AlphaData',rescaledScores);
xlabel('x','fontsize',15)
ylabel('y','fontsize',15)
% 设置坐标轴标注字号的大小
set(gca,'FontSize',15);
box on
% 设置坐标轴数字的大小
% 绘制数据的散点图
wrongLabels = sum(Labelact ~ = m3)
% 统计标记错误的样本数量
```

运行结果如下：

```
m1 =
   0.9942     0     0.0058
   0.9988     0     0.0012
   0.9749     0     0.0251
   0.9994     0     0.0006
   0.9996     0     0.0004
   0.9689     0     0.0311
   0.9994     0     0.0006
   0.9990     0     0.0010
   0.9995     0     0.0005
   0.9949     0     0.0051
   0.9804     0     0.0196
   0.9996     0     0.0004
   0.9997     0     0.0003
   0.9993     0     0.0007
   0.9984     0     0.0016
```


高等院校计算机教育系列教材

```
    0.9956         0    0.0044
    0.9994         0    0.0006
    0.9995    0         0.0005
    0.9997    0         0.0003
    0.9988    0         0.0012
    0         0.9984    0.0016
    0         0.9864    0.0136
    0         0.9934    0.0066
    0         0.9324    0.0676
    0         0.9517    0.0483
    0         0.8368    0.1632
    0         0.9138    0.0862
    0         0.9337    0.0663
    0         0.9021    0.0979
    0         0.9967    0.0033
    0         0.9981    0.0019
    0         0.9997    0.0003
    0         0.9981    0.0019
    0         0.9818    0.0182
    0         0.9799    0.0201
    0         0.9430    0.0570
    0         0.9801    0.0199
    0         0.9912    0.0088
    0         0.9957    0.0043
    0         0.7998    0.2002
    0         0         1.0000
    0         0         1.0000
    0         0         1.0000
    0         0         1.0000
    0         0         1.0000
    0         0         1.0000
    0.3253    0         0.6747
    0         0         1.0000
    0         0         1.0000
    0         0         1.0000
    0.8768    0         0.1232
    0         0         1.0000
    0         0.7832    0.2168
    0         0         1.0000
    0         0         1.0000
    0         0         1.0000
    0.8733    0         0.1267
    0         0         1.0000
    0         0         1.0000
    0         0         1.0000
maxLabelScores =
    0.9942    0.9988    0.9749    0.9994    0.9996    0.9689    0.9994
    0.9990    0.9995    0.9949    0.9804    0.9996    0.9997    0.9993
    0.9984    0.9956    0.9994    0.9995    0.9997    0.9988    0.9984
    0.9864    0.9934    0.9324    0.9517    0.8368    0.9138    0.9337
    0.9021    0.9967    0.9981    0.9997    0.9981    0.9818    0.9799
    0.9430    0.9801    0.9912    0.9957    0.7998    1.0000    1.0000
```

```
   1.0000    1.0000    1.0000    1.0000    0.6747    1.0000    1.0000
   1.0000    0.8768    1.0000    0.7832    1.0000    1.0000    1.0000
   0.8733    1.0000    1.0000    1.0000
rescaledScores =
   0.9338    0.9468    0.8806    0.9483    0.9488    0.8638    0.9483
   0.9473    0.9485    0.9358    0.8959    0.9488    0.9493    0.9481
   0.9456    0.9377    0.9484    0.9485    0.9490    0.9466    0.9455
   0.9124    0.9316    0.7630    0.8163    0.4985    0.7116    0.7666
   0.6792    0.9407    0.9448    0.9491    0.9447    0.8996    0.8944
   0.7922    0.8950    0.9255    0.9382    0.3960    0.9500    0.9500
   0.9500    0.9500    0.9500    0.9500    0.0500    0.9500    0.9500
   0.9500    0.6092    0.9500    0.3501    0.9500    0.9500    0.9500
   0.5995    0.9500    0.9500    0.9500
m3 =
   1    1    1    1    1    1    1    1    1    1    1    1    1    1
   1    1    1    1    1    1    2    2    2
   2    2    2    2    2    2    2    2    2    2    2    2    2    2
   2    2    2    3    3    3    3    3    3
   3    3    3    3    1    3    2    3    3    3    1    3    3    3
wrongLabels =
   3
```

数据标记图如图 10-2 所示。

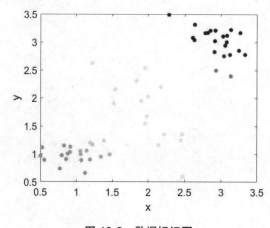

图 10-2　数据标记图

(4)　对新数据进行分类。MATLAB 程序如下：

```
xnew = [
   3.0459    2.8255
   2.9351    3.0760
   2.6613    3.2753
   2.7106    2.8883
   2.8095    2.8833
   2.9374    2.6410
   2.5878    2.7556
   2.9545    3.1515
   3.1539    2.9716
   2.9058    3.1911
   1.1675    0.7221
```

```
        1.0939    1.1170
        1.1917    1.0807
        1.3809    1.0250
        1.1442    1.0754
        1.1065    1.0060
        0.9893    0.9945
        0.6894    0.9978
        0.8738    1.2324
        1.0815    0.9774
        0.6794    1.9860
        1.7569    2.0702
        2.0980    2.1188
        2.4799    1.6642
        2.6902    1.4775
        1.5293    2.4829
        2.3804    1.8901
        2.1190    2.7073
        1.8958    1.5379
        2.0124    1.7029];
yact = [1    1    1    1    1    1    1    1    1    1    2 ...
        2    2    2    2    2    2    2    2    2    3    3 ...
        3    3    3    3    3    3    3    3];
yact = yact';
ynew = predict(Mdl,xnew)
wrongLabels1 = sum(ynew ~ = yact)
figure(3)
confusionchart(yact,ynew)
```

运行结果如下：

```
ynew =
    1    1    1    1    1    1    1    1    1    1    2
    2    2    2    2    2    2    2    2    2    3
    3    3    3    3    3    1    3    3
wrongLabels1 =
    2
```

基于图形法的半监督学习模型对数据的分类结果如图 10-3 所示。

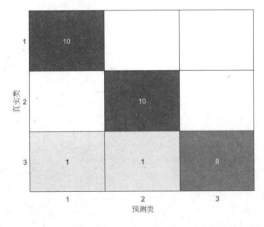

图 10-3　基于图形法的半监督学习模型对数据的分类结果

10.2　基于自训练法的半监督学习分类

10.2.1　概述

在 MATLAB R2021a 中，进行基于自训练法的半监督学习分类使用的函数是 fitsemiself。其调用方法如下：

```
Mdl = fitsemiself(x, y, unlabeledx)
```

其中，x 是已经标记的数据，y 是 x 的标签，unlabeledx 是未标记的数据。

10.2.2　基于自训练法的半监督学习分类案例与 MATLAB 编程

例 1：以 10.1.2 节例 1 中的数据为例。已知 x 是数据的坐标，y 是 x 对应的类别。对 x, y 用自训练法进行半监督学习，对未标记的数据进行分类，并对新数据进行分类。

(1)　绘制数据的散点图。MATLAB 程序如下：

```
x = [2.6189    2.9345
     3.1256    2.5673
     3.0766    3.2534
     2.7652    2.7681
     3.3094    3.3109
     3.0083    2.8526
     3.0309    3.3729
     3.0685    2.7985
     3.1885    2.7219
     3.3811    3.2392
     0.6592    0.8541
     1.1701    1.4274
     1.1095    0.9024
     0.9642    0.8275
     0.9146    0.8879
     1.5145    1.1786
     0.9064    0.6711
     0.9524    1.1568
     0.7653    0.6672
     0.7966    0.9673
     1.0866    1.6759
     2.2680    1.9810
     2.3464    1.9003
     1.6562    2.4408
     2.1588    1.9719
     2.0814    1.5794
     2.5796    1.9226
     2.0642    2.5943
     2.5197    1.7925
     1.9416    1.6707];
y = [1    1    1    1    1    1    1    1    1    1...
```

```
      2    2    2    2    2    2    2    2    2    2 ...
      3    3    3    3    3    3    3    3    3    3];
y = y';
x1 = x(:,1);
y1 = x(:,2);
scatter(x1,y1,[],y,'filled')
xlabel('x','fontsize',15)
ylabel('y','fontsize',15)
% 设置坐标轴标注字号的大小
set(gca,'FontSize',15);
box on
% 设置坐标轴数字的大小
% 绘制数据的散点图
```

数据的散点图如图 10-4 所示。

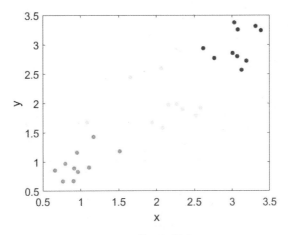

图 10-4　数据的散点图

(2)　构建基于自训练法的半监督学习模型，并进行训练。MATLAB 程序如下：

```
unlabeledx = [
    3.2460    2.8505
    3.0253    3.1047
    2.9093    2.8276
    2.8153    3.1678
    2.6300    3.0377
    3.0383    2.7522
    2.9207    3.2092
    3.0797    3.1186
    2.6359    3.3130
    3.3305    2.7768
    3.1218    2.7762
    2.6083    3.0783
    3.2643    3.1668
    2.8531    3.2070
    3.0756    3.0016
    3.0549    2.9410
    2.7804    3.1632
    2.2847    3.4911
```

```
            3.1339      3.2211
            2.9145      3.0211
            0.8564      0.9045
            1.1249      0.6572
            0.8790      1.0026
            1.0596      1.0510
            1.1946      0.8972
            1.2311      1.1659
            1.1470      1.0564
            1.3445      0.9468
            1.4628      0.9890
            0.5256      1.1145
            0.5553      0.8896
            0.7693      0.7363
            0.5005      0.9611
            0.9107      1.0323
            0.9159      1.1274
            1.0626      0.9925
            1.0715      0.8857
            0.8285      1.1491
            0.7967      0.9716
            1.1984      1.2018
            1.9551      1.5441
            1.9969      2.0247
            1.9541      2.5390
            1.5394      2.1541
            1.5365      2.1498
            1.5194      1.9014
            2.8924      1.9268
            1.8999      1.9485
            2.4702      0.6005
            2.1746      2.1966
            2.9296      2.4951
            2.4635      1.3512
            1.3865      1.2390
            1.8364      2.3105
            2.4458      1.2462
            2.1441      1.1603
            3.1326      2.3945
            1.9761      1.6729
            1.2241      2.6225
            2.2220      1.3539];
% 待分类的数据
Labelact = [1      1      1      1      1      1      1      1      1 ...
            1      1      1      1      1      1      1      1      1      1 ...
            1      2      2      2      2      2      2      2      2      2 ...
            2      2      2      2      2      2      2      2      2      2 ...
            2      3      3      3      3      3      3      3      3      3 ...
            3      3      3      3      3      3      3      3      3 ...
            3      3];
% 待分类数据的实际类别
Mdl = fitsemiself(x, y , unlabeledx)
```

运行结果如下：

```
Mdl =
  SemiSupervisedSelfTrainingModel - 属性:
        FittedLabels:[60×1 double]
        LabelScores:[60×3 double]
        ClassNames:[1 2 3]
        ResponseName:'Y'
  CategoricalPredictors:    []
            Learner:[1×1
classreg.learning.classif.CompactClassificationECOC]
  Properties, Methods
```

分别单击 Properties, Methods，查看模型的属性和方法：

```
类 SemiSupervisedSelfTrainingModel 的属性:
    Learner
    FittedLabels
    LabelScores
    CategoricalPredictors
    PredictorNames
    ResponseName
    ClassNames
类 SemiSupervisedSelfTrainingModel 的方法:
predict
```

(3)　对未标记的数据进行标记。MATLAB 程序如下：

```
m1 = Mdl.LabelScores
maxLabelScores = max(Mdl.LabelScores,[],2) ;
maxLabelScores = maxLabelScores'
rescaledScores = rescale(maxLabelScores,0.05,0.95)
figure(2)
xu1 = unlabeledx(:,1);
xu2 = unlabeledx(:,2);
m3 = Mdl.FittedLabels;
m3 = m3'
scatter(xu1,xu2,[],Mdl.FittedLabels,'filled', ...
'MarkerFaceAlpha','flat','AlphaData',rescaledScores);
xlabel('x','fontsize',15)
ylabel('y','fontsize',15)
% 设置坐标轴标注字号的大小
set(gca,'FontSize',15);
box on
% 设置坐标轴数字的大小
% 绘制数据的散点图
wrongLabels = sum(Labelact ~ = m3)
% 统计标记错误的样本数量
```

运行结果如下：

```
m1 =
    0      -0.5821   -0.5088
```

0	-0.5856	-0.5072
0	-0.6016	-0.4828
0	-0.5816	-0.4829
0	-0.5841	-0.4318
0	-0.5987	-0.4936
0	-0.5790	-0.4925
0	-0.5825	-0.5065
-0.0001	-0.5596	-0.4403
0	-0.5736	-0.4985
0	-0.5934	-0.5047
0	-0.5797	-0.4289
0	-0.5662	-0.4867
0	-0.5788	-0.4859
0	-0.5897	-0.5134
0	-0.5934	-0.5126
0	-0.5810	-0.4769
-0.1424	-0.5097	-0.3478
0	-0.5715	-0.4917
0	-0.5931	-0.5003
-0.6061	0	-0.4804
-0.5731	-0.0000	-0.4779
-0.6180	0	-0.4719
-0.6333	0	-0.4592
-0.6160	0	-0.4701
-0.6485	0	-0.3960
-0.6367	0	-0.4475
-0.6209	0	-0.4305
-0.6227	-0.0000	-0.3830
-0.5814	0	-0.4188
-0.5743	0	-0.4411
-0.5769	0	-0.4693
-0.5721	-0.0000	-0.4294
-0.6230	0	-0.4681
-0.6297	0	-0.4475
-0.6272	0	-0.4709
-0.6134	0	-0.4838
-0.6222	0	-0.4411
-0.6083	0	-0.4703
-0.6503	0	-0.3898
-0.6401	-0.4192	-0.0000
-0.5855	-0.5653	0
-0.4502	-0.5758	0
-0.6097	-0.5018	0
-0.6104	-0.5002	0
-0.6456	-0.4126	-0.0093
-0.2715	-0.5808	-0.1477
-0.6189	-0.5310	0
-0.4480	-0.4000	-0.1520
-0.4805	-0.6010	0
-0.0051	-0.6027	-0.3989
-0.5333	-0.5172	0
-0.6554	-0.0351	-0.3177

```
   -0.5515   -0.5698    0
   -0.5328   -0.4936    0
   -0.5792   -0.3807   -0.0401
   -0.0000   -0.5843   -0.4158
   -0.6352   -0.4722    0
   -0.5035   -0.4966    0
   -0.5863   -0.4606    0
maxLabelScores =
     0         0         0         0         0         0         0         0
   -0.0001     0         0         0         0         0         0         0
     0       -0.1424     0         0         0       -0.0000     0         0
     0         0         0         0       -0.0000     0         0         0
   -0.0000     0         0         0         0         0         0         0
   -0.0000     0         0         0         0       -0.0093   -0.1477     0
   -0.1520     0       -0.0051     0       -0.0351     0         0       -0.0401
   -0.0000     0         0         0
rescaledScores =
    0.9500    0.9500    0.9500    0.9500    0.9500    0.9500    0.9500
    0.9500    0.9496    0.9500    0.9500    0.9500    0.9500    0.9500
    0.9500    0.9500    0.9500    0.1067    0.9500    0.9500    0.9500
    0.9498    0.9500    0.9500    0.9500    0.9500    0.9500    0.9500
    0.9499    0.9500    0.9500    0.9500    0.9497    0.9500    0.9500
    0.9500    0.9500    0.9500    0.9500    0.9500    0.9500    0.9500
    0.9500    0.9500    0.9500    0.8950    0.0754    0.9500    0.0500
    0.9500    0.9200    0.9500    0.7422    0.9500    0.9500    0.7124
    0.9500    0.9500    0.9500    0.9500
m3 =
    1    1    1    1    1    1    1    1    1    1    1    1    1
    1    1    1    1    1    1    1    2    2    2
    2    2    2    2    2    2    2    2    2    2    2    2    2
    2    2    2    2    3    3    3    3    3    3
    3    3    3    3    1    3    2    3    3    3    1    3    3    3
wrongLabels =
    3
```

数据标记图如图 10-5 所示。

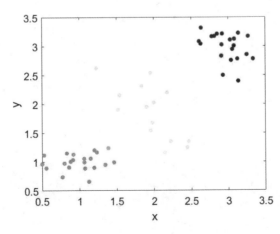

图 10-5　数据标记图

（4）对新数据进行分类。MATLAB 程序如下：

```
xnew = [
    3.0459    2.8255
    2.9351    3.0760
    2.6613    3.2753
    2.7106    2.8883
    2.8095    2.8833
    2.9374    2.6410
    2.5878    2.7556
    2.9545    3.1515
    3.1539    2.9716
    2.9058    3.1911
    1.1675    0.7221
    1.0939    1.1170
    1.1917    1.0807
    1.3809    1.0250
    1.1442    1.0754
    1.1065    1.0060
    0.9893    0.9945
    0.6894    0.9978
    0.8738    1.2324
    1.0815    0.9774
    0.6794    1.9860
    1.7569    2.0702
    2.0980    2.1188
    2.4799    1.6642
    2.6902    1.4775
    1.5293    2.4829
    2.3804    1.8901
    2.1190    2.7073
    1.8958    1.5379
    2.0124    1.7029];
yact = [1    1    1    1    1    1    1    1    1    1    2 ...
        2    2    2    2    2    2    2    2    2    3    3 ...
        3    3    3    3    3    3    3    3];
yact = yact';
ynew = predict(Mdl,xnew)
wrongLabels1 = sum(ynew ~ = yact)
figure(3)
confusionchart(yact,ynew)
```

运行结果如下：

```
ynew =
    1    1    1    1    1    1    1    1    1    1    2
    2    2    2    2    2    2    2    2    2    3    3
    3    3    3    3    3    3    3    3
wrongLabels1 =
    0
```

高等院校计算机教育系列教材

基于自训练法的半监督学习模型对数据的分类结果如图 10-6 所示。

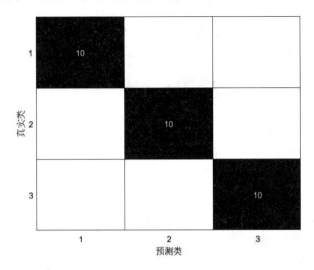

图 10-6　基于自训练法的半监督学习模型对数据的分类结果

第 11 章
强 化 学 习

强化学习(reinforcement learning，RL)是根据心理学里的行为主义理论开发的一种机器学习算法——智能体(如人类，也包括动物)会和周围的环境发生交互作用，它们的行为作用于环境，会得到环境的反馈。环境反馈的信号会影响智能体未来的行为，这种信号主要有两种：奖励信号和惩罚信号，其中，奖励信号可以产生强化作用，会使智能体继续做出一定的动作(或行为)，也就是将来进行这种动作(或行为)的趋势得到了强化；而惩罚信号会产生弱化作用，会阻碍智能体的某些行为。这种学习机制就叫强化学习，如图 11-1 所示。

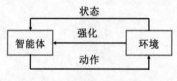

图 11-1　强化学习示意图

强化学习和前面介绍的监督学习和非监督学习都不同：它不需要训练样本，只是根据环境对动作的反馈信息进行学习，然后对学习模型的参数进行调整。

近年来，强化学习的应用引起了人们极大的关注，最轰动的事件是"阿尔法狗"(AlphaGo)：它是谷歌(Google)旗下的公司基于强化学习原理研发的人工智能机器人，2016年 3 月，它以 4∶1 的总比分击败了围棋世界冠军、韩国选手李世石；2016 年末 2017 年初，它在网上和中国、日本、韩国的围棋选手进行比赛，创造了连胜 60 场的奇迹；2017年 5 月，它以 3∶0 的总比分战胜了当时的围棋世界冠军、中国选手柯洁。

此外，强化学习在机器人、自动控制、自动驾驶、电子游戏等领域获得了广泛应用。其中，DOTA2、王者荣耀、星际争霸 2 等游戏都采用了强化学习技术，我们熟悉的ChatGPT 的开发者——美国 OpenAI 公司曾开发了一款智能机器人，它在 DOTA2 中击败了职业选手。

11.1　强化学习在机器人中的应用

11.1.1　概述

在机器人领域，路径规划是一项重要的技术，它可以使机器人具有视觉功能，在运动过程中避开障碍。

在 MATLAB R2021a 中，提供了相关的函数，用于实现机器人的避障行走。

11.1.2 基于 Q 学习算法的强化学习案例与 MATLAB 编程

例 1: 用 Q 学习强化学习算法训练机器人，让它避开路上的障碍。

(1) 创建机器人所处的环境。

创建环境使用 createGridWorld 函数。其调用方法如下:

```
GW = createGridWorld(m, n)
```

其中，m, n 是环境的尺寸，分别代表行和列。

比如，设置一个 5 行、5 列的环境。MATLAB 程序如下:

```
m = 5;
n = 5;
GW = createGridWorld(m,n)
GWpicture = rlMDPEnv(GW)
% rlMDPEnv 是环境创建函数
plot(GWpicture)
% 绘图观察创建的环境
```

运行结果如下:

```
GW =
  GridWorld - 属性:
        GridSize:[5 5]
  CurrentState:"[1,1]"
        States:[25×1 string]
        Actions:[4×1 string]
        T:    [25×25×4 double]
        R:    [25×25×4 double]
  ObstacleStates:[0×1 string]
  TerminalStates:[0×1 string]
GWpicture =
  rlMDPEnv - 属性:
        Model:[1×1 rl.env.GridWorld]
        ResetFcn:[]
```

创建的初始环境如图 11-2 所示。

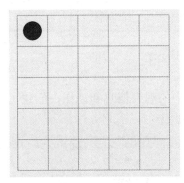

图 11-2　初始环境

图 11-2 中的红点是默认的起始位置。

(2) 设置机器人的起始位置、终点位置和障碍物的位置。MATLAB 程序如下：

```
GW.CurrentState = '[2,1]';
% 起始位置
GW.TerminalStates = '[5,5]';
% 终点位置
GW.ObstacleStates = ["[2,3]";"[3,3]";"[4,3]"];
% 障碍物的位置
```

(3) 设置障碍物状态的跳跃规则。MATLAB 程序如下：

```
updateStateTranstionForObstacles(GW)
% 更新障碍物状态的状态转换矩阵
GW.T(state2idx(GW,"[2,4]"),:,:) = 0;
GW.T(state2idx(GW,"[2,4]"),state2idx(GW,"[4,4]"),:) = 1;
```

(4) 在奖励转换矩阵中定义奖励规则。MATLAB 程序如下：

```
nS = numel(GW.States);
nA = numel(GW.Actions);
GW.R = -1*ones(nS,nS,nA);
% 机器人可以有四种动作(North = 1, South = 2, East = 3, West = 4)，其他动作会得
到-1 分的惩罚
GW.R(:,state2idx(GW,GW.TerminalStates),:) = 10;
% 到达终点可获得 10 分的奖励
GW.R(state2idx(GW,"[2,4]"),state2idx(GW,"[4,4]"),:) = 5;
% 如果从[2,4] 跳跃到[4,4]，可获得 5 分的奖励
```

(5) 用 rlMDPEnv 函数创建行走环境。MATLAB 程序如下：

```
env = rlMDPEnv(GW)
plot(env)
% 绘图显示创建的行走环境
hold on
env.ResetFcn = @() 2;
rng(0);
```

运行结果如下：

```
env =
  rlMDPEnv - 属性:
      Model: [1×1 rl.env.GridWorld]
    ResetFcn: []
```

创建的行走环境如图 11-3 所示。

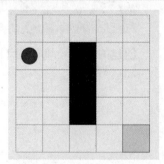

图 11-3　行走环境

(6) 根据设置的行走环境中的观察信息和动作，创建 Q 学习算法表。MATLAB 程序如下：

```
qTable = rlTable(getObservationInfo(env),getActionInfo(env));
qRepresentation =
rlQValueRepresentation(qTable,getObservationInfo(env),getActionInfo(env)
);
```

```
qRepresentation.Options.LearnRate = 5;
% 设置学习速率为5
```

(7) 根据 Q 学习算法表，创建基于 Q 学习算法的机器人，并设置 Epsilon 贪婪探索参数。MATLAB 程序如下：

```
agentOpts = rlQAgentOptions;
agentOpts.EpsilonGreedyExploration.Epsilon = .2;
qAgent = rlQAgent(qRepresentation,agentOpts);     % 设置条件
```

(8) 设置机器人的训练参数。MATLAB 程序如下：

```
trainOpts = rlTrainingOptions;
trainOpts.MaxStepsPerEpisode = 100;
trainOpts.MaxEpisodes = 100;
trainOpts.StopTrainingCriteria = "AverageReward";
trainOpts.StopTrainingValue = 20;
trainOpts.ScoreAveragingWindowLength = 20;
```

(9) 训练机器人。MATLAB 程序如下：

```
trainingStats = train(qAgent,env,trainOpts)
```

运行结果如下：

```
trainingStats =
  包含以下字段的 struct:
       EpisodeIndex: [100×1 double]
       EpisodeReward: [100×1 double]
       EpisodeSteps: [100×1 double]
       AverageReward: [100×1 double]
  AverageSteps:  [100×1 double]
  TotalAgentSteps:[100×1 double]
  Information:   [1×1 struct]
       EpisodeQ0:[100×1 double]
       SimulationInfo:[100×1 struct]
```

训练进程如图 11-4 所示。

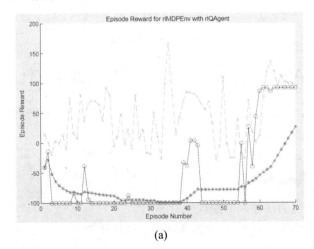

(a)

图 11-4　训练进程

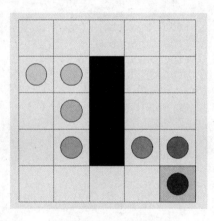

Training Progress (2023-12-13 10:30:38)

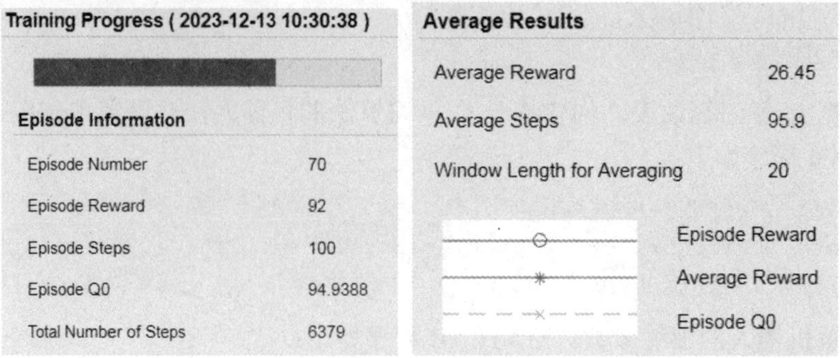

Episode Information

Episode Number	70
Episode Reward	92
Episode Steps	100
Episode Q0	94.9388
Total Number of Steps	6379

Average Results

Average Reward	26.45
Average Steps	95.9
Window Length for Averaging	20

Episode Reward
Average Reward
Episode Q0

(b)   (c)

图 11-4   训练进程(续)

(10) 验证学习效果，模拟机器人的行走路线。MATLAB 程序如下：

```
plot(env)
hold on
env.Model.Viewer.ShowTrace = true;
env.Model.Viewer.clearTrace;
sim(qAgent,env)
% 机器人行走路线的显示模拟
```

运行结果如下：

图 11-5   行走路线

11.1.3　基于 SARSA 算法的强化学习案例的 MATLAB 编程

例 2：用 SARSA 强化学习算法训练机器人，让它避开路上的障碍。

(1)　创建机器人所处的环境。

创建环境使用 createGridWorld 函数。其调用方法如下：

```
GW = createGridWorld(m, n)
```

其中，m, n 是环境的尺寸，分别代表行和列。

比如，设置一个 5 行、5 列的环境。MATLAB 程序如下：

```
m = 5;
```

```
n = 5;
GW = createGridWorld(m,n)
GWpicture = rlMDPEnv(GW)
% rlMDPEnv 是环境创建函数
plot(GWpicture)
% 绘图观察创建的环境
```

运行结果如下：

```
GW =
  GridWorld - 属性:
        GridSize: [5 5]
        CurrentState:  "[1,1]"
   States:   [25×1 string]
        Actions: [4×1 string]
        T:   [25×25×4 double]
        R:   [25×25×4 double]
    ObstacleStates:[0×1 string]
    TerminalStates:[0×1 string]
GWpicture =
  rlMDPEnv - 属性:
        Model:    [1×1 rl.env.GridWorld]
   ResetFcn: []
```

创建的初始环境如图 11-6 所示。

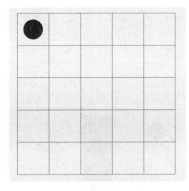

图 11-6　初始环境

图 11-6 中的红点是默认的起始位置。

(2)　设置机器人的起始位置、终点位置和障碍物的位置。MATLAB 程序如下：

```
GW.CurrentState = '[2,1]';
% 起始位置
GW.TerminalStates = '[5, 5]';
% 终点位置
GW.ObstacleStates = ["[2,3]";"[3,3]";"[4,3]"];
% 障碍物的位置
```

(3)　设置障碍物状态的跳跃规则。MATLAB 程序如下：

```
updateStateTranstionForObstacles(GW)
% 更新障碍物状态的状态转换矩阵
GW.T(state2idx(GW,"[2,4]"),:,:) = 0;
```

```
GW.T(state2idx(GW,"[2,4]"),state2idx(GW,"[4,4]"),:) = 1;
```

(4) 在奖励转换矩阵中定义奖励规则。MATLAB 程序如下：

```
nS = numel(GW.States);
nA = numel(GW.Actions);
GW.R = -1*ones(nS,nS,nA);
% 机器人可以有四种动作(North = 1, South = 2, East = 3, West = 4)，其他动作会得
到-1 分的惩罚
GW.R(:,state2idx(GW,GW.TerminalStates),:) = 10;
% 到达终点可获得 10 分的奖励
GW.R(state2idx(GW,"[2,4]"),state2idx(GW,"[4,4]"),:) = 5;
% 如果从[2,4] 跳跃到[4,4]，可获得 5 分的奖励
```

(5) 用 rlMDPEnv 函数创建行走环境。MATLAB 程序如下：

```
env = rlMDPEnv(GW)
plot(env)
% 绘图显示创建的行走环境
hold on
env.ResetFcn = @() 2;
rng(0);
```

运行结果如下：

```
env =
  rlMDPEnv - 属性:
      Model: [1×1 rl.env.GridWorld]
    ResetFcn: []
```

创建的行走环境如图 11-7 所示。

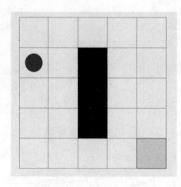

图 11-7　行走环境

(6) 根据设置的行走环境中的观察信息和动作，创建 Q 学习算法表。MATLAB 程序
如下：

```
qTable = rlTable(getObservationInfo(env),getActionInfo(env));
qRepresentation = rlQValueRepresentation(qTable,
getObservationInfo(env),getActionInfo(env));
qRepresentation.Options.LearnRate = 5;
% 设置学习速率为 5
```

(7) 根据 Q 学习算法表，创建基于 SARSA 学习算法的机器人，并设置 Epsilon 贪婪

探索参数。MATLAB 程序如下

```
agentOpts = rlSARSAAgentOptions
agentOpts.EpsilonGreedyExploration.Epsilon = .2;
sarsaAgent = rlSARSAAgent(qRepresentation,agentOpts)
```

运行结果如下：

```
sarsaAgent =
  rlSARSAAgent - 属性:
AgentOptions: [1×1 rl.option.rlSARSAAgentOptions]
```

(8)　设置机器人的训练参数。MATLAB 程序如下

```
trainOpts = rlTrainingOptions;
trainOpts.MaxStepsPerEpisode = 100;
trainOpts.MaxEpisodes = 100;
trainOpts.StopTrainingCriteria = "AverageReward";
trainOpts.StopTrainingValue = 20;
trainOpts.ScoreAveragingWindowLength = 20;
```

(9)　训练机器人。MATLAB 程序如下：

```
trainingStats = train(sarsaAgent,env,trainOpts)
```

运行结果如下：

```
trainingStats =
  包含以下字段的 struct:
      EpisodeIndex: [100×1 double]
     EpisodeReward: [100×1 double]
      EpisodeSteps: [100×1 double]
     AverageReward: [100×1 double]
      AverageSteps: [100×1 double]
    TotalAgentSteps: [100×1 double]
       Information: [1×1 struct]
         EpisodeQ0: [100×1 double]
     SimulationInfo: [100×1 struct]
```

训练进程如图 11-8 所示。

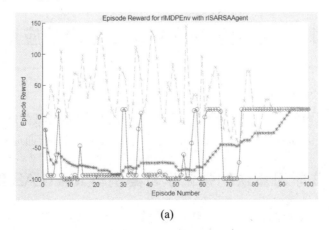

(a)

图 11-8　训练进程

(b)　　　　　　　　　　　(c)

图 11-8　训练进程(续)

(10) 验证学习效果，模拟机器人的行走路线。MATLAB 程序如下：

```
plot(env)
hold on
env.Model.Viewer.ShowTrace = true;
env.Model.Viewer.clearTrace;
sim(sarsaAgent,env)
% 机器人行走路线的显示模拟
```

机器人的行走路线如图 11-9 所示。

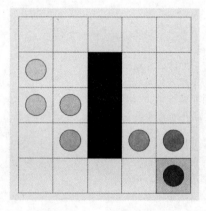

图 11-9　行走路线

11.2　强化学习在自动驾驶中的应用

11.2.1　概述

　　强化学习也可以应用在自动驾驶领域，强化学习在自动驾驶领域的应用和在机器人中的应用有相同的地方，也有不同的地方，比如，自动驾驶车辆不能跳跃通过障碍，只能绕行。

11.2.2　基于 Q 学习算法的强化学习案例与 MATLAB 编程

　　例 1：用 Q 学习强化学习算法训练自动驾驶车辆，让它避开路上的障碍。
　　(1)　创建自动驾驶车辆所处的环境。MATLAB 程序如下：

```
m = 5;
n = 5;
GW = createGridWorld(m,n)
GWpicture = rlMDPEnv(GW)
% rlMDPEnv 是环境创建函数
plot(GWpicture)
% 绘图观察创建的环境
```

运行结果如下：

```
GW =
  GridWorld - 属性:
        GridSize: [5 5]
        CurrentState: "[1,1]"
        States:   [25×1 string]
        Actions:  [4×1 string]
        T:   [25×25×4 double]
        R:   [25×25×4 double]
  ObstacleStates: [0×1 string]
  TerminalStates: [0×1 string]
GWpicture =
  rlMDPEnv - 属性:
  Model:     [1×1 rl.env.GridWorld]
  ResetFcn:  []
```

创建的初始环境如图 11-10 所示。

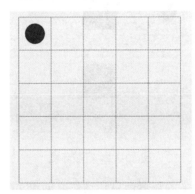

图 11-10　初始环境

图 11-10 中的红点是默认的起始位置。

(2)　设置自动驾驶车辆的起始位置、终点位置和障碍物的位置。MATLAB 程序如下：

```
GW.CurrentState = '[2,1]';
% 起始位置
GW.TerminalStates = '[5, 5]';
% 终点位置
GW.ObstacleStates = ["[2,3]";"[4,3]"];
% 障碍物的位置
```

(3)　在奖励转换矩阵中定义奖励规则。MATLAB 程序如下：

```
nS = numel(GW.States);
nA = numel(GW.Actions);
```

```
GW.R = -1*ones(nS,nS,nA);
% 自动驾驶车辆可以有四种动作(North = 1, South = 2, East = 3, West = 4), 其他动
作会得到-1 分的惩罚
GW.R(:,state2idx(GW,GW.TerminalStates),:) = 10;
% 到达终点可获得 10 分的奖励
```

(4) 用 **rlMDPEnv** 函数创建行驶环境。MATLAB 程序如下：

```
env = rlMDPEnv(GW)
plot(env)
% 绘图显示创建的行驶环境
hold on
env.ResetFcn = @() 2;
rng(0);
```

运行结果如下：

```
env =
  rlMDPEnv - 属性:
      Model: [1×1 rl.env.GridWorld]
    ResetFcn: []
```

创建的行驶环境如图 11-11 所示。

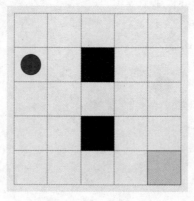

图 11-11　行驶环境

(5) 根据设置的行驶环境中的观察信息和动作，创建 Q 学习算法表。MATLAB 程序如下：

```
qTable = rlTable(getObservationInfo(env),getActionInfo(env));
qRepresentation = rlQValueRepresentation(qTable,
getObservationInfo(env),getActionInfo(env));
qRepresentation.Options.LearnRate = 500;
% 设置学习速率为 500
```

(6) 根据 Q 学习算法表，创建基于 Q 学习算法的自动驾驶车辆，并设置 Epsilon 贪婪探索参数。MATLAB 程序如下：

```
agentOpts = rlQAgentOptions
agentOpts.EpsilonGreedyExploration.Epsilon = .2;
qAgent = rlQAgent(qRepresentation,agentOpts)
```

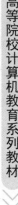

运行结果如下：

```
agentOpts =
  rlQAgentOptions - 属性:
    EpsilonGreedyExploration: [1×1 rl.option.EpsilonGreedyExploration]
                  SampleTime: 1
                DiscountFactor: 0.9900
qAgent =
  rlQAgent - 属性:
    AgentOptions: [1×1 rl.option.rlQAgentOptions]
```

(7)　设置自动驾驶车辆的训练参数。MATLAB 程序如下：

```
trainOpts = rlTrainingOptions;
trainOpts.MaxStepsPerEpisode = 100;
trainOpts.MaxEpisodes = 2000;
trainOpts.StopTrainingCriteria = "AverageReward";
trainOpts.StopTrainingValue = 20;
trainOpts.ScoreAveragingWindowLength = 20;
```

(8)　训练自动驾驶车辆。MATLAB 程序如下：

```
trainingStats = train(qAgent,env,trainOpts)
```

运行结果如下：

```
trainingStats =
  包含以下字段的 struct:

      EpisodeIndex: [2000×1 double]
     EpisodeReward: [2000×1 double]
      EpisodeSteps: [2000×1 double]
     AverageReward: [2000×1 double]
      AverageSteps: [2000×1 double]
    TotalAgentSteps: [2000×1 double]
       Information: [1×1 struct]
         EpisodeQ0: [2000×1 double]
     SimulationInfo: [2000×1 struct]
```

训练进程如图 11-12 所示。

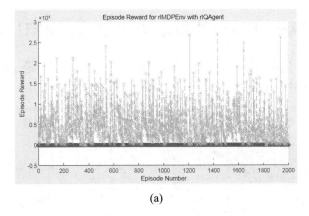

(a)

图 11-12　训练进程

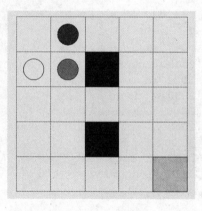

Training Progress (2023-12-04 14:00:38)		

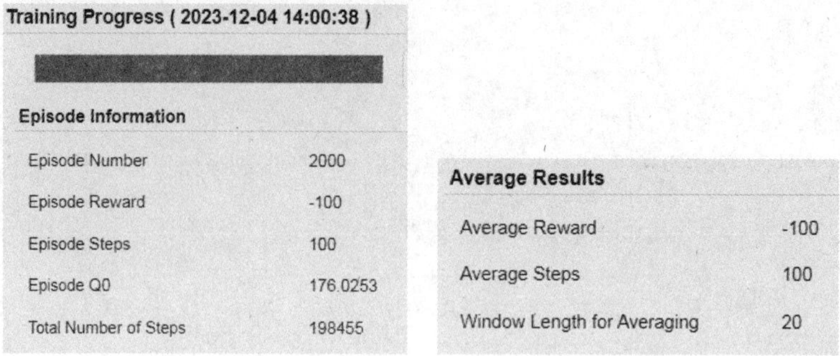

Episode Information	
Episode Number	2000
Episode Reward	-100
Episode Steps	100
Episode Q0	176.0253
Total Number of Steps	198455

Average Results	
Average Reward	-100
Average Steps	100
Window Length for Averaging	20

(b)　　　　　　　　　　　　　　(c)

图 11-12　训练进程(续)

(9) 验证学习效果，模拟自动驾驶车辆的行驶路线。MATLAB 程序如下：

```
plot(env)
hold on
env.Model.Viewer.ShowTrace = true;
env.Model.Viewer.clearTrace;
sim(qAgent,env)
% 自动驾驶车辆行驶路线的显示模拟
```

自动驾驶车辆的行驶路线如图 11-13 所示。

图 11-13　行驶路线

11.2.3　基于 SARSA 算法的强化学习案例与 MATLAB 编程

例 2：用 SARSA 强化学习算法训练自动驾驶车辆，让它避开路上的障碍。

(1) 创建自动驾驶车辆所处的环境。MATLAB 程序如下：

```
m = 5;
n = 5;
GW = createGridWorld(m,n)
GWpicture = rlMDPEnv(GW)
% rlMDPEnv 是环境创建函数
plot(GWpicture)
% 绘图观察创建的环境
```

运行结果如下：

```
GW =
  GridWorld - 属性:
        GridSize: [5 5]
        CurrentState: "[1,1]"
        States:   [25×1 string]
        Actions:  [4×1 string]
        T:   [25×25×4 double]
                R:   [25×25×4 double]
  ObstacleStates: [0×1 string]
  TerminalStates: [0×1 string]
GWpicture =
  rlMDPEnv - 属性:
        Model:   [1×1 rl.env.GridWorld]
  ResetFcn: []
```

创建的初始环境如图 11-14 所示。

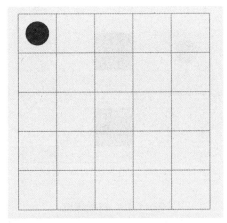

图 11-14 初始环境

图 11-14 中的红点是默认的起始位置。

(2) 设置自动驾驶车辆的起始位置、终点位置和障碍物的位置。MATLAB 程序如下：

```
GW.CurrentState = '[2,1]';
% 起始位置
GW.TerminalStates = '[5, 5]';
% 终点位置
GW.ObstacleStates = ["[2,3]";"[4,3]"];
% 障碍物的位置
```

(3) 在奖励转换矩阵中定义奖励规则。MATLAB 程序如下：

```
nS = numel(GW.States);
nA = numel(GW.Actions);
GW.R = -1*ones(nS,nS,nA);
% 自动驾驶车辆可以有四种动作(North = 1, South = 2, East = 3, West = 4)，其他动
作会得到-1 分的惩罚
GW.R(:,state2idx(GW,GW.TerminalStates),:) = 10;
% 到达终点可获得 10 分的奖励
```

(4) 用 rlMDPEnv 函数创建行驶环境。MATLAB 程序如下：

```
env = rlMDPEnv(GW)
plot(env)
% 绘图显示创建的行驶环境
hold on
env.ResetFcn = @() 2;
rng(0);
```

运行结果如下：

```
env =
  rlMDPEnv - 属性:
      Model: [1×1 rl.env.GridWorld]
   ResetFcn: []
```

创建的行驶环境如图 11-15 所示。

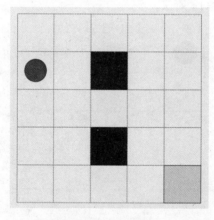

图 11-15　行驶环境

(5) 根据设置的行驶环境中的观察信息和动作，创建 Q 学习算法表。MATLAB 程序如下：

```
qTable = rlTable(getObservationInfo(env),getActionInfo(env));
qRepresentation = rlQValueRepresentation(qTable,
getObservationInfo(env),getActionInfo(env));
qRepresentation.Options.LearnRate = 5;
% 设置学习速率为 5
```

(6) 根据 Q 学习算法表，创建基于 SARSA 学习算法的自动驾驶车辆，并设置 Epsilon 贪婪探索参数。MATLAB 程序如下：

```
agentOpts = rlSARSAAgentOptions
agentOpts.EpsilonGreedyExploration.Epsilon = .2;
sarsaAgent = rlSARSAAgent(qRepresentation,agentOpts)
```

运行结果如下：

```
agentOpts =
  rlSARSAAgentOptions - 属性:
   EpsilonGreedyExploration: [1×1 rl.option.EpsilonGreedyExploration]
```

```
                SampleTime: 1
            DiscountFactor: 0.9900
sarsaAgent =
  rlSARSAAgent - 属性:
                AgentOptions: [1×1 rl.option.rlSARSAAgentOptions]
```

(7) 设置自动驾驶车辆的训练参数。MATLAB 程序如下:

```
trainOpts = rlTrainingOptions;
trainOpts.MaxStepsPerEpisode = 100;
trainOpts.MaxEpisodes = 100;
trainOpts.StopTrainingCriteria = "AverageReward";
trainOpts.StopTrainingValue = 20;
trainOpts.ScoreAveragingWindowLength = 20;
```

(8) 训练自动驾驶车辆。MATLAB 程序如下:

```
trainingStats = train(sarsaAgent,env,trainOpts)
```

运行结果如下:

```
trainingStats =
  包含以下字段的 struct:
        EpisodeIndex: [100×1 double]
       EpisodeReward: [100×1 double]
        EpisodeSteps: [100×1 double]
       AverageReward: [100×1 double]
        AverageSteps: [100×1 double]
      TotalAgentSteps: [100×1 double]
         Information: [1×1 struct]
           EpisodeQ0: [100×1 double]
       SimulationInfo: [100×1 struct]
```

训练进程如图 11-16 所示,训练目标如图 11-17 所示。

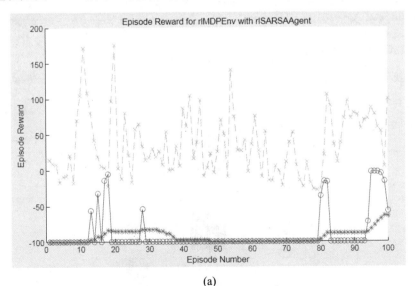

(a)

图 11-16   训练进程

Training Progress (2023-12-04 12:37:11)

Episode Information

Episode Number	100
Episode Reward	-57
Episode Steps	68
Episode Q0	99.5661
Total Number of Steps	9047

Average Results

Average Reward	-64.25
Average Steps	69.2
Window Length for Averaging	20

(b)　　　　　　　　　　(c)

图 11-16　训练进程(续)

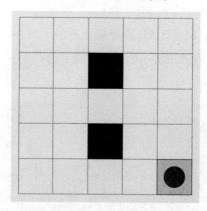

图 11-17　训练目标

(9) 验证学习效果，模拟自动驾驶车辆的行驶路线。MATLAB 程序如下：

```
plot(env)
hold on
env.Model.Viewer.ShowTrace = true;
env.Model.Viewer.clearTrace;
sim(sarsaAgent,env)
% 自动驾驶车辆行驶路线的显示模拟
```

自动驾驶车辆的行驶路线如图 11-18 所示。

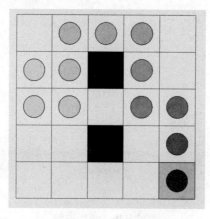

图 11-18　行驶路线

在本节的例子中，Q 算法需要训练的时间很长——在 2000 次循环后，仍没有得到最优解。有的研究者的发现则相反：在某些问题中，SARSA 算法的收敛速度比较慢，不容易得到最优解；而且，SARSA 算法容易训练失败，最终完不成任务，而在相同的情况下，Q 算法更稳定。

另外，强化学习的各项参数对学习的影响比较大，包括环境的复杂程度、模型的学习速率等，读者在解决自己的问题时，会体会到这点，所以建议读者多进行尝试。

第 12 章
关联规则学习

可能很多人发现，现在很多网站或软件特别"善解人意"：我们上网时，经常会在第一页就能发现自己感兴趣的内容，比如，喜欢足球的人会在第一页看到足球新闻，喜欢美食的人会在第一页看到美食介绍，喜欢化妆品的人会在第一页发现自己喜欢的商品……

可能我们会感到奇怪：这些网站是怎么做到这点的呢？

这是因为，它们使用了关联规则学习技术。

12.1　关联规则学习

12.1.1　什么是关联规则学习

关联规则学习(association rules)或关联规则挖掘(association rule mining)是一种从数据中寻找它们的内在关联的机器学习算法，经常用于进行数据挖掘。利用它，人们可以发现数据间存在的关联性或联系，从而发现一些有价值的信息。长期以来，关联规则学习是数据挖掘中最活跃、应用最广泛的方法之一。

12.1.2　来源——"啤酒和尿布"的故事

这种算法来源于一个很有名的故事："啤酒和尿布"。20 世纪 90 年代，美国沃尔玛超市的一位管理人员发现了一个有趣的现象：一些年轻男士经常在超市里同时购买啤酒和尿布。超市对这个现象进行了深入的调查，发现在很多家庭里，年轻的爸爸经常去超市为婴儿购买尿布，买完后顺带为自己购买啤酒。

超市从这件事受到启发，调整了商品的陈列布局：把尿布和啤酒放在一起，使得二者的销量同时增加了。

12.1.3　应用领域

研究者根据"啤酒和尿布"的故事，提出了关联规则挖掘技术，在多个领域获得广泛应用。

在零售行业中，超市利用关联规则挖掘技术进行合理的商品陈列设计，或制定商品促销策略，就是人们熟悉的"捆绑销售"。比如，在西瓜上搭配一个小勺，会大大提高西瓜的销量。

在互联网和电子商务领域，根据用户的上网和消费记录，进行内容推送和广告投放。

在电信、金融行业，商家可以根据客户的相关数据，设计有针对性的营销方案。

甚至，关联规则学习在影视行业中也获得了应用：影视剧的投资人会根据以往的影视作品的数据，如收视率、票房等进行关联分析，了解哪些演员一起合作，或哪些导演、演员、编剧等互相组合，能够产生更好的票房或收视效果，从而为影视产品设计最佳的人员组合。

12.2 关联规则学习在购物中的应用

12.2.1 概述

关联规则学习最经典的算法之一是 Apriori 算法。但是在 MATLAB R2021a 中，没有直接实现这个算法的函数。所以，在本章中，我们通过一个实例，自己编写程序，进行关联规则学习。

12.2.2 关联规则学习在购物中的应用案例与 MATLAB 编程

例 1：表 12-1 是某超市的交易记录，共包括 6 次交易，涉及 6 种商品。

表 12-1 某超市的交易记录

订单编号	购买的商品				
1	面包	牛奶			
2	面包			鸡翅	羽毛球拍	
3				鸡翅		洗发水
4	面包	牛奶	可乐	鸡翅		洗发水
5	面包				羽毛球拍	洗发水
6	面包		可乐	鸡翅		洗发水

从该交易记录中进行关联规则学习。

(1) 对交易记录进行数字化表征。方法是：如果某次交易过程中购买了某种商品，就把这种商品的值定为 1，未购买的商品的值定为 0。

对表 12-1 的数据进行数字化表征后如表 12-2 所示。

表 12-2 交易记录的数字化表征

订单编号	购买的商品					
	面包	牛奶	可乐	鸡翅	羽毛球拍	洗发水
1	1	1	0	0	0	0
2	1	0	0	1	1	0
3	0	0	0	1	0	1
4	1	1	1	1	0	1
5	1	0	0	0	1	1
6	1	0	1	1	0	1

(2) 根据表 12-2 的数据得到购买商品的数据矩阵：

```
a = [ 1 1 0 0 0 0
      1 0 0 1 1 0
      0 0 0 1 0 1
      1 1 1 1 0 1
      1 0 0 0 1 1
      1 0 1 1 0 1];
```

(3) 显示每次交易的数据。MATLAB 程序如下：

```
a1 = a(1,:);
a2 = a(2,:);
a3 = a(3,:);
a4 = a(4,:);
a5 = a(5,:);
a6 = a(6,:);
% 显示每次交易的数据
```

运行结果如下：

```
a1 =
    1    1    0    0    0    0
a2 =
    1    0    0    1    1    0
a3 =
    0    0    0    1    0    1
a4 =
    1    1    1    1    0    1
a5 =
    1    0    0    0    1    1
a6 =
    1    0    1    1    0    1
```

(4) 把每行中 1 的位置找出来，表明各次交易购买了哪些商品。MATLAB 程序如下：

```
k1 = find(a1)
k2 = find(a2)
k3 = find(a3)
k4 = find(a4)
k5 = find(a5)
k6 = find(a6)
% 把每行中 1 的位置找出来
```

运行结果如下：

```
k1 =
    1    2
k2 =
    1    4    5
k3 =
    4    6
k4 =
    1    2    3    4    6
```

```
k5 =
     1     5     6
k6 =
     1     3     4     6
```

(5) 把各行中两个及以上的 1 的位置两两列举出来。MATLAB 程序如下：

```
m = 2;
nc1 = nchoosek(k1,m)
nc2 = nchoosek(k2,m)
nc3 = nchoosek(k3,m)
nc4 = nchoosek(k4,m)
nc5 = nchoosek(k5,m)
nc6 = nchoosek(k6,m)
%  m 指元素个数。nchoosek(k1,m) 的作用是给出从包含 n 个元素的向量 k1(k2 等一样) 中选取
m 个元素的组合
```

运行结果如下：

```
nc1 =
     1     2
nc2 =
     1     4
     1     5
     4     5
nc3 =
     4     6
nc4 =
     1     2
     1     3
     1     4
     1     6
     2     3
     2     4
     2     6
     3     4
     3     6
     4     6
nc5 =
     1     5
     1     6
     5     6
nc6 =
     1     3
     1     4
     1     6
     3     4
     3     6
     4     6
```

将这些数据整合到 q 矩阵中。MATLAB 程序如下：

```
q = [nc1
    nc2
```

```
        nc3
        nc4
        nc5
        nc6]
```

运行结果如下：

```
q =
     1     2
     1     4
     1     5
     4     5
     4     6
     1     2
     1     3
     1     4
     1     6
     2     3
     2     4
     2     6
     3     4
     3     6
     4     6
     1     5
     1     6
     5     6
     1     3
     1     4
     1     6
     3     4
     3     6
     4     6
```

(6) 把 q 矩阵中各相同的行(即各个两两组合)的数量和比例统计出来，并按照由高到低的次序排列。从而显示购买次数最多的两两组合。MATLAB 程序如下：

```
q = mat2str(q)
% 先把数值型矩阵转换为表示矩阵的字符向量
q(find(isspace(q))) = []
% 把字符串中的空格删掉
q2 = str2num(q)
q3 = categorical(q2)
tabulate(q3)
tbl = tabulate(q3);
t = cell2table(tbl,'VariableNames', ...
    {'Value','Count','Percent'});
t.Value = categorical(t.Value)
```

运行结果如下：

```
q =
  '[1 2;1 4;1 5;4 5;4 6;1 2;1 3;1 4;1 6;2 3;2 4;2 6;3 4;3 6;4 6;1 5;1
    6;5 6;1 3;1 4;1 6;3 4;3 6;4 6]'
q =
```

```
          '[12;14;15;45;46;12;13;14;16;23;24;26;34;36;46;15;16;56;13;14;16;34;36;46]'
q2  =
      12
      14
      15
      45
      46
      12
      13
      14
      16
      23
      24
      26
      34
      36
      46
      15
      16
      56
      13
      14
      16
      34
      36
      46
q3  =
     24×1 categorical 数组
      12
      14
      15
      45
      46
      12
      13
      14
      16
      23
      24
      26
      34
      36
      46
      15
      16
      56
      13
      14
      16
      34
      36
```

```
     46
Value      Count      Percent
  12         2          8.33%
  13         2          8.33%
  14         3         12.50%
  15         2          8.33%
  16         3         12.50%
  23         1          4.17%
  24         1          4.17%
  26         1          4.17%
  34         2          8.33%
  36         2          8.33%
  45         1          4.17%
  46         3         12.50%
  56         1          4.17%
t =
  13×3 table
  Value      Count      Percent
  _____      _____      _____

   12          2        8.3333
   13          2        8.3333
   14          3        12.5
   15          2        8.3333
   16          3        12.5
   23          1        4.1667
   24          1        4.1667
   26          1        4.1667
   34          2        8.3333
   36          2        8.3333
   45          1        4.1667
   46          3        12.5
   56          1        4.1667
```

(7) 计算每种组合的购买频度。计算方法是：购买频度=购买次数/总交易次数。
MATLAB 程序如下：

```
n = size(a, 1);
% 矩阵 a 的行数，即总交易次数
t = [12        2        8.3333
     13        2        8.3333
     14        3        12.5
     15        2        8.3333
     16        3        12.5
     23        1        4.1667
     24        1        4.1667
     26        1        4.1667
     34        2        8.3333
     36        2        8.3333
     45        1        4.1667
     46        3        12.5
     56        1        4.1667];
t1 = t(:,2);
```

```
f = t1/n
```

运行结果如下:

```
f =
    0.3333
    0.3333
    0.5000
    0.3333
    0.5000
    0.1667
    0.1667
    0.1667
    0.3333
    0.3333
    0.1667
    0.5000
    0.1667
```

绘制柱状图,表示各种组合的购买频度。MATLAB 程序如下:

```
t = [12      2      8.3333
     13      2      8.3333
     14      3      12.5
     15      2      8.3333
     16      3      12.5
     23      1      4.1667
     24      1      4.1667
     26      1      4.1667
     34      2      8.3333
     36      2      8.3333
     45      1      4.1667
     46      3      12.5
     56      1      4.1667];
x = categorical(t(:,1));
f = [
    0.3333
    0.3333
    0.5000
    0.3333
    0.5000
    0.1667
    0.1667
    0.1667
    0.3333
    0.3333
    0.1667
    0.5000
    0.1667];
bar(x,f)
xlabel('x','fontsize',15)
ylabel('y','fontsize',15)
% 设置坐标轴标注字号的大小
set(gca,'FontSize',15);
% 设置坐标轴数字的大小
```

各种组合的购买频度柱状图如图 12-1 所示。

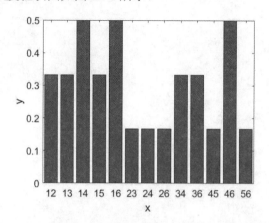

图 12-1　各种组合的购买频度柱状图

从结果可以看到，14(面包和鸡翅)、16(面包和洗发水)、46(鸡翅和洗发水)三种商品组合的购买频度最高，所以它们具有最强的关联性。

(8) 从上面的两两组合的购买频度可以看出哪两种商品存在较强的关联性。但是还需要了解这两种商品的因果关系，即哪个是因、哪个是果。比如，对啤酒和尿布来说，是啤酒带动了尿布的销售，还是尿布带动了啤酒的销售？

为了分析两种商品的因果关系，需要统计购买其中一种商品的总次数。比如，啤酒和尿布一起购买的次数是 5 次，而如果购买啤酒的总次数是 6 次，购买尿布的总次数是 10 次。那么，购买啤酒时，同时购买尿布的频率是 5 / 6 = 0.83；购买尿布时，同时购买啤酒的频率是 5 / 10 = 0.5。这说明，购买啤酒时，同时购买尿布的频率更高。

可以把这个指标叫做依赖度。在这个例子里，尿布对啤酒的依赖度要强于啤酒对尿布的依赖度，即啤酒是因、尿布是果。

下面，计算商品 1 和 4 的依赖度。MATLAB 程序如下：

```
a = [1 1 0 0 0 0
     1 0 0 1 1 0
     0 0 0 1 0 1
     1 1 1 1 0 1
     1 0 0 0 1 1
     1 0 1 1 0 1];
t14 = 3;
% 14 组合的交易次数
k = 1;
% k 表示矩阵的列号
t1 = sum(a(:,k) = = 1)
% 购买商品 1 的交易次数 t1
k = 4;
t4 = sum(a(:,k) = = 1)
% 购买商品 4 的交易次数 t4

r1v4 = t14/t1
% 商品 4 对 1 的依赖度
r4v1 = t14/t4
% 商品 1 对 4 的依赖度
```

高等院校计算机教育系列教材

运行结果如下：

```
t1 =
    5
t4 =
    4
r1v4 =
   0.6000
r4v1 =
   0.7500
```

从上面的依赖度数据可以看出，商品 1 对商品 4 的依赖度更大(0.7500)，即购买商品 4 后，更可能同时购买商品 1。

12.3　关联规则学习在互联网内容推送中的应用

12.3.1　概述

在互联网行业中，人们也经常利用关联规则学习算法，向用户进行内容推送。在这一节，我们将学习一个关联规则学习在互联网内容推送中的应用案例。

12.3.2　互联网内容推送案例与 MATLAB 编程

例 1：表 12-3 是某互联网企业记录的用户浏览网页的记录，共包括 12 次，涉及 8 个领域。

表 12-3　用户浏览网页的记录

浏览编号	浏览内容						
1	旅游		娱乐		数码		科技	心理
2		体育		服饰		时尚		
3		体育			数码	时尚	科技	
4			娱乐	服饰				心理
5	旅游	体育		服饰	数码		科技	
6			娱乐	服饰		时尚		心理
7		体育	娱乐			时尚		
8			娱乐	服饰				心理
9			娱乐	服饰				
10	旅游						科技	
11			娱乐	服饰	数码			心理
12			娱乐			时尚	科技	

从该浏览记录中进行关联规则学习。

(1) 对浏览记录进行数字化表征。方法是：如果某次浏览了某个领域的内容，就把这

项内容的值定为 1，未浏览的内容的值定为 0。

对表 12-3 中的浏览记录进行数字化表征后，结果如表 12-4 所示。

表 12-4　用户浏览网页记录的数字化表征

浏览编号	浏览内容							
	旅游	体育	娱乐	服饰	数码	时尚	科技	心理
1	1	0	1	0	1	0	1	1
2	0	1	0	1	0	1	0	0
3	0	1	0	0	1	1	1	0
4	0	0	1	1	0	0	0	1
5	1	1	0	1	1	0	1	0
6	0	0	1	1	0	1	0	1
7	0	1	1	0	0	1	0	0
8	0	0	1	1	0	0	0	1
9	0	0	1	1	0	0	0	0
10	1	0	0	0	0	0	1	0
11	0	0	1	1	1	0	0	1
12	0	0	1	0	0	1	1	0

(2) 根据表 12-4 的数据得到浏览内容的数据矩阵：

```
a = [
1 0   1   0   1   0   1   1
0 1   0   1   0   1   0   0
0 1   0   0   1   1   1   0
0 0   1   1   0   0   0   1
1 1   0   1   1   0   1   0
0 0   1   1   0   1   0   1
0 1   1   0   0   1   0   0
0 0   1   1   0   0   0   1
0 0   1   1   0   0   0   0
1 0   0   0   0   0   1   0
0 0   1   1   1   0   0   1
0 0   1   0   0   1   1   0];
```

(3) 显示每次浏览的内容。MATLAB 程序如下：

```
a1 = a(1,:)
a2 = a(2,:)
a3 = a(3,:)
a4 = a(4,:)
a5 = a(5,:)
a6 = a(6,:)
a7 = a(7,:)
a8 = a(8,:)
a9 = a(9,:)
a10 = a(10,:)
```

```
a11 = a(11,:)
a12 = a(12,:)
% 显示每次浏览的内容
```

运行结果如下：

```
a1 =
    1    0    1    0    1    0    1    1
a2 =
    0    1    0    1    0    1    0    0
a3 =
    0    1    0    0    1    1    1    0
a4 =
    0    0    1    1    0    0    0    1
a5 =
    1    1    0    1    1    0    1    0
a6 =
    0    0    1    1    0    1    0    1
a7 =
    0    1    1    0    0    1    0    0
a8 =
    0    0    1    1    0    0    0    1
a9 =
    0    0    1    1    0    0    0    0
a10 =
    1    0    0    0    0    0    1    0
a11 =
    0    0    1    1    1    0    0    1
a12 =
    0    0    1    0    0    1    1    0
```

(4) 把每行中 1 的位置找出来，表明各次浏览了哪些内容。MATLAB 程序如下：

```
k1 = find(a1)
k2 = find(a2)
k3 = find(a3)
k4 = find(a4)
k5 = find(a5)
k6 = find(a6)
k7 = find(a7)
k8 = find(a8)
k9 = find(a9)
k10 = find(a10)
k11 = find(a11)
k12 = find(a12)
% 把每行中 1 的位置找出来
```

运行结果如下：

```
k1 =
    1    3    5    7    8
k2 =
    2    4    6
k3 =
```

```
    2     5     6     7
k4 =
    3     4     8
k5 =
    1     2     4     5     7
k6 =
    3     4     6     8
k7 =
    2     3     6
k8 =
    3     4     8
k9 =
    3     4
k10 =
    1     7
k11 =
    3     4     5     8
k12 =
    3     6     7
```

(5) 把各行中两个及以上的 1 的位置两两列举出来。MATLAB 程序如下：

```
m = 2;
nc1 = nchoosek(k1,m)
nc2 = nchoosek(k2,m)
nc3 = nchoosek(k3,m)
nc4 = nchoosek(k4,m)
nc5 = nchoosek(k5,m)
nc6 = nchoosek(k6,m)
nc7 = nchoosek(k7,m)
nc8 = nchoosek(k8,m)
nc9 = nchoosek(k9,m)
nc10 = nchoosek(k10,m)
nc11 = nchoosek(k11,m)
nc12 = nchoosek(k12,m)
% m 指元素个数。nchoosek(k1,m)的作用是给出从包含 n 个元素的向量 k1(k2 等一样)中选取
m 个元素的组合
```

运行结果如下：

```
nc1 =
    1     3
    1     5
    1     7
    1     8
    3     5
    3     7
    3     8
    5     7
    5     8
    7     8
nc2 =
    2     4
```

```
        2        6
        4        6
nc3  =
        2        5
        2        6
        2        7
        5        6
        5        7
        6        7
nc4  =
        3        4
        3        8
        4        8
nc5  =
        1        2
        1        4
        1        5
        1        7
        2        4
        2        5
        2        7
        4        5
        4        7
        5        7
nc6  =
        3        4
        3        6
        3        8
        4        6
        4        8
        6        8
nc7  =
        2        3
        2        6
        3        6
nc8  =
        3        4
        3        8
        4        8
nc9  =
        3        4
nc10 =
        1        7
nc11 =
        3        4
        3        5
        3        8
        4        5
        4        8
        5        8
nc12 =
        3        6
```

```
3    7
6    7
```

将这些数据整合到 q 矩阵中。MATLAB 程序如下：

```
q = [nc1
     nc2
     nc3
     nc4
     nc5
     nc6
     nc7
     nc8
     nc9
     nc10
     nc11
     nc12]
```

运行结果如下：

```
q =
     1    3
     1    5
     1    7
     1    8
     3    5
     3    7
     3    8
     5    7
     5    8
     7    8
     2    4
     2    6
     4    6
     2    5
     2    6
     2    7
     5    6
     5    7
     6    7
     3    4
     3    8
     4    8
     1    2
     1    4
     1    5
     1    7
     2    4
     2    5
     2    7
     4    5
     4    7
     5    7
     3    4
```

3	6
3	8
4	6
4	8
6	8
2	3
2	6
3	6
3	4
3	8
4	8
3	4
1	7
3	4
3	5
3	8
4	5
4	8
5	8
3	6
3	7
6	7

(6) 把 q 矩阵中各相同的行(即各个两两组合)的数量和比例统计出来，从而显示两两组合浏览的次数。MATLAB 程序如下：

```
 q = mat2str(q)
% 先把数值型矩阵转换为表示矩阵的字符向量
q(find(isspace(q))) = []
% 把字符串中的空格删掉
 q2 = str2num(q)
 q3 = categorical(q2)
 tabulate(q3)
tbl = tabulate(q3);
t = cell2table(tbl,'VariableNames', ...
   {'Value','Count','Percent'});
t.Value = categorical(t.Value)
```

运行结果如下：

```
q =
  '[1 3;1 5;1 7;1 8;3 5;3 7;3 8;5 7;5 8;7 8;2 4;2 6;4 6;2 5;2 6;2 7;5
    6;5 7;6 7;3 4;3 8;4 8;1 2;1 4;1 5;1 7;2 4;2 5;2 7;4 5;4 7;5 7;3 4;3
    6;3 8;4 6;4 8;6 8;2 3;2 6;3 6;3 4;3 8;4 8;3 4;1 7;3 4;3 5;3 8;4 5;4
    8;5 8;3 6;3 7;6 7]'
q =
  '[13;15;17;18;35;37;38;57;58;78;24;26;46;25;26;27;56;57;67;34;38;48;
    12;14;15;17;24;25;27;45;47;57;34;36;38;46;48;68;23;26;36;34;38;48;
    34; 17;34;35;38;45;48;58;36;37;67]'
q2 =
    13
    15
    17
```

18
35
37
38
57
58
78
24
26
46
25
26
27
56
57
67
34
38
48
12
14
15
17
24
25
27
45
47
57
34
36
38
46
48
68
23
26
36
34
38
48
34
17
34
35
38
45
48
58
36
37
67

```
q3 =
  55×1 categorical 数组
      13
      15
      17
      18
      35
      37
      38
      57
      58
      78
      24
      26
      46
      25
      26
      27
      56
      57
      67
      34
      38
      48
      12
      14
      15
      17
      24
      25
      27
      45
      47
      57
      34
      36
      38
      46
      48
      68
      23
      26
      36
      34
      38
      48
      34
      17
      34
      35
      38
      45
```

```
        48
        58
        36
        37
        67
Value       Count       Percent
 12          1          1.82%
 13          1          1.82%
 14          1          1.82%
 15          2          3.64%
 17          3          5.45%
 18          1          1.82%
 23          1          1.82%
 24          2          3.64%
 25          2          3.64%
 26          3          5.45%
 27          2          3.64%
 34          5          9.09%
 35          2          3.64%
 36          3          5.45%
 37          2          3.64%
 38          5          9.09%
 45          2          3.64%
 46          2          3.64%
 47          1          1.82%
 48          4          7.27%
 56          1          1.82%
 57          3          5.45%
 58          2          3.64%
 67          2          3.64%
 68          1          1.82%
 78          1          1.82%
t =
 26×3 table
```

Value	Count	Percent
12	1	1.8182
13	1	1.8182
14	1	1.8182
15	2	3.6364
17	3	5.4545
18	1	1.8182
23	1	1.8182
24	2	3.6364
25	2	3.6364
26	3	5.4545
27	2	3.6364
34	5	9.0909
35	2	3.6364
36	3	5.4545
37	2	3.6364
38	5	9.0909

45	2	3.6364
46	2	3.6364
47	1	1.8182
48	4	7.2727
56	1	1.8182
57	3	5.4545
58	2	3.6364
67	2	3.6364
68	1	1.8182
78	1	1.8182

(7) 计算每种组合的浏览频度。计算方法是：浏览频度 = 浏览次数/总浏览次数。
MATLAB 程序如下：

```
n = size(a, 1);
% 矩阵 a 的行数，即总浏览次数
t = [12       1       1.8182
      13       1       1.8182
      14       1       1.8182
      15       2       3.6364
      17       3       5.4545
      18       1       1.8182
      23       1       1.8182
      24       2       3.6364
      25       2       3.6364
      26       3       5.4545
      27       2       3.6364
      34       5       9.0909
      35       2       3.6364
      36       3       5.4545
      37       2       3.6364
      38       5       9.0909
      45       2       3.6364
      46       2       3.6364
      47       1       1.8182
      48       4       7.2727
      56       1       1.8182
      57       3       5.4545
      58       2       3.6364
      67       2       3.6364
      68       1       1.8182
      78       1       1.8182];
t1 = t(:,2);
f = t1/n
```

运行结果如下：

```
f =
    0.0833
    0.0833
    0.0833
    0.1667
    0.2500
```

```
    0.0833
    0.0833
    0.1667
    0.1667
    0.2500
    0.1667
    0.4167
    0.1667
    0.2500
    0.1667
    0.4167
    0.1667
    0.1667
    0.0833
    0.3333
    0.0833
    0.2500
    0.1667
    0.1667
    0.0833
    0.0833
```

绘制柱状图，表示各种组合的浏览频度。MATLAB 程序如下：

```
t = [12        1        1.8182
     13        1        1.8182
     14        1        1.8182
     15        2        3.6364
     17        3        5.4545
     18        1        1.8182
     23        1        1.8182
     24        2        3.6364
     25        2        3.6364
     26        3        5.4545
     27        2        3.6364
     34        5        9.0909
     35        2        3.6364
     36        3        5.4545
     37        2        3.6364
     38        5        9.0909
     45        2        3.6364
     46        2        3.6364
     47        1        1.8182
     48        4        7.2727
     56        1        1.8182
     57        3        5.4545
     58        2        3.6364
     67        2        3.6364
     68        1        1.8182
     78        1        1.8182];
x = categorical(t(:,1));
f = [0.0833
     0.0833
```

```
    0.0833
    0.1667
    0.2500
    0.0833
    0.0833
    0.1667
    0.1667
    0.2500
    0.1667
    0.4167
    0.1667
    0.2500
    0.1667
    0.4167
    0.1667
    0.1667
    0.0833
    0.3333
    0.0833
    0.2500
    0.1667
    0.1667
    0.0833
    0.0833
    ];
bar(x,f)
xlabel('x','fontsize',15)
ylabel('y','fontsize',15)
% 设置坐标轴标注字号的大小
set(gca,'FontSize',15);
% 设置坐标轴数字的大小
```

各种组合的浏览频度柱状图如图 12-2 所示。

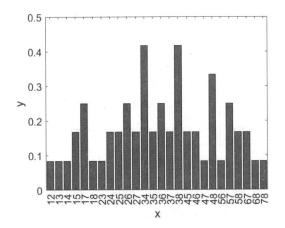

图 12-2　各种组合的浏览频度柱状图

从结果可以看出，34(娱乐和服饰)、38(娱乐和心理)、48(服饰和心理)三种内容组合的浏览频度最高，所以它们具有最强的关联性。

(8) 计算依赖度，以内容 3 和内容 4 为例。MATLAB 程序如下：

```
a = [
1 0    1 0    1 0    1    1
0 1    0 1    0 1    0    0
0 1    0 0    1 1    1    0
0 0    1 1    0 0    0    1
1 1    0 1    1 0    1    0
0 0    1 1    0 1    0    1
0 1    1 0    0 1    0    0
0 0    1 1    0 0    0    1
0 0    1 1    0 0    0    0
1 0    0 0    0 0    1    0
0 0    1 1    1 0    0    1
0 0    1 0    0 1    1    0];

t34 = 5;
% 34 组合的浏览次数
k = 3;
% k 表示矩阵的列号
t3 = sum(a(:,k) = = 1)
% 浏览内容 3 的次数 t3
k = 4;
t4 = sum(a(:,k) = = 1)
% 浏览内容 4 的次数 t4

r3v4 = t34/t3
% 内容 4 对内容 3 的依赖度
r4v3 = t34/t4
% 内容 3 对内容 4 的依赖度
```

运行结果如下：

```
t3 =
    8
t4 =
    7
r3v4 =
   0.6250
r4v3 =
   0.7143
```

从上面的依赖度数据可以看出，内容 3 对内容 4 的依赖度更大(0.7143)，即浏览内容 4 后，更可能同时浏览内容 3。

第13章
深 度 学 习

近几年来，深度学习距离我们越来越近：2017 年连续战胜围棋世界冠军的"阿尔法狗"使用了深度学习算法；现在人们很熟悉的 ChatGPT 也使用了深度学习算法；目前，风靡一时的 AI 绘画也使用了深度学习算法。

"深度学习"是什么意思？在本章，我们就来讲解这种机器学习算法。

13.1　概　　述

13.1.1　什么是深度学习

深度学习是一种通过对样本数据的特征进行多层变换，从而获得数据的深层次信息的机器学习算法。

深度学习这个概念起源于人工神经网络技术。本书前面介绍的人工神经网络模型属于传统的模型，它们的特点是包含的层数比较少，所以只能获得训练样本的浅层信息，这种人工神经网络也叫浅层人工神经网络。

深度学习使用的人工神经网络模型含有较多的层——隐含层的数量经常在 5 层以上，有的甚至超过 10 层。这些隐含层可以逐层提取数据的特征，最终使得神经网络模型能够获得数据的深层次信息，这种学习算法就叫深度学习。

和浅层学习方法相比，深度学习的机制更接近人类的学习行为，所以学习效果更好，预测、分类等性能更优异。浅层神经网络和深层神经网络的结构对比如图 13-1 所示。

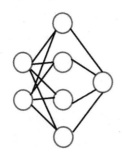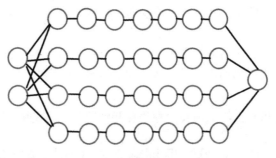

图 13-1　浅层神经网络(左)和深层神经网络(右)

13.1.2 应用

深度学习算法最早是由加拿大多伦多大学的 Geoffrey Hinton 教授于 2006 年提出的。由于它具有突出的优点，所以在模式识别、数据挖掘、自动驾驶、自然语言处理、搜索技术、艺术等领域具有巨大的应用价值和广阔的应用前景。从 2011 年起，微软公司的研究人员用深度学习算法进行语音识别，使错误率降低了 20%～30%；IBM、谷歌、阿里巴巴、百度等公司也在进行这方面的研究。

2012 年 6 月，谷歌公司开发了一个深度学习模型，它包括 16 000 个处理器、几十亿个网络节点，能识别猫的图像。这项成果引起了学术界和产业界的广泛关注。

2020 年，半导体企业把深度学习技术应用于半导体器件的生产，有效地提高了产品质量和生产效率，降低了生产成本。

2020 年，瑞士的科学家开发了一种深度学习模型，用于医疗诊断。制药企业也把深度学习用于新型药物的研发。

目前，人们普遍认为，在未来，深度学习可以使机器具有很多更接近人类的能力，比如视觉、听觉等感知能力，以及理解、分析、思考问题的能力。

和传统的学习模型相比，深度学习模型包含更多的参数，所以对训练的要求比较高：要求训练样本的数量多，需要的训练时间也比较长。

13.2   卷积神经网络

13.2.1   概述

卷积神经网络(convolutional neural network，ConvNet 或 CNN)是一种典型的深度学习模型，目前应用很广泛。它是模仿生物的视觉系统的结构设计的，隐含层内包含卷积核参数，这个参数可以进行卷积计算。

卷积神经网络的结构包括输入层、隐含层和输出层。它的输入层具有一个突出的特点：可以处理多维数据，所以很适合用于图像识别等领域。CNN 的隐含层的结构比较复杂，包括卷积层(convolutional layer)、池化层(pooling layer)和全连接层(fully-connected layer)，有的模型中还包括 Inception 模块、残差块(residual block)等结构。

卷积层的功能是对输入的数据进行特征提取，它含有多个卷积核(convolutional kernel)，这些卷积核相当于传统的神经网络模型中的神经元(neuron)。在卷积层内，每个卷积核都和前一层中距离较近的多个卷积核相连，这种结构和动物体内的视觉结构很像。

池化层的作用是对卷积层输出的特征图进行特征选择和信息过滤。

全连接层相当于传统的人工神经网络模型中的隐含层，可以对提取的训练样本的特征进行非线性加工。

Inception 模块是由多个卷积层和池化层构成的更复杂的结构。

13.2.2   CNN 图像识别案例与 MATLAB 编程

CNN 最擅长的应用是进行图像识别。下面通过实例介绍它的方法。

例 1：用 CNN 进行手写大写英文字母的识别。由于篇幅所限，本例只识别 A、B、C 三个字母。

(1) 对大写英文字母进行数字化表征。

26 个大写英文字母可以由 0 和 1 表示为 7×5 的矩阵。比如：

```
A =
0 0 1 0 0
0 1 0 1 0
0 1 0 1 0
1 0 0 0 1
1 1 1 1 1
1 0 0 0 1
1 0 0 0 1
B =
0 0 1 0 0
0 1 0 1 0
0 1 0 1 0
1 0 0 0 1
1 1 1 1 1
1 0 0 0 1
1 0 0 0 1
......
```

把矩阵转换为一个 1×35 的行向量，然后可以组成一个 3×35 矩阵：

```
alphabet = [
    0 0 1 0 0 0 1 0 1 0 0 1 0 1 0 1 0 0 0 1 1 1 1 1 1 1 0 0 0 1 1 0
0 0 1
    1 1 1 0 1 0 0 0 1 1 0 0 1 0 1 1 1 0 0 1 0 0 1 0 1 0 0 0 1 1 1
1 1 0
    0 0 1 1 1 0 1 0 0 0 1 0 0 0 0 1 0 0 0 0 1 0 0 0 0 0 1 0 0 0 0 0
1 1 1
    ];
% 每行分别代表一个字母：A, B, C
```

绘制图形显示各个字母，MATLAB 程序如下：

```
alphabet = [
    0 0 1 0 0 0 1 0 1 0 0 1 0 1 0 1 0 0 0 1 1 1 1 1 1 1 0 0 0 1 1 0 0
0 1
    1 1 1 0 1 0 0 0 1 1 0 0 1 0 1 1 1 0 0 1 0 0 1 0 1 0 0 0 1 1 1 1
1 0
    0 0 1 1 1 0 1 0 0 0 1 0 0 0 0 1 0 0 0 0 1 0 0 0 0 0 1 0 0 0 0 0 1
1 1];
plotchar(alphabet(1,:))
figure(2)
plotchar(alphabet(2,:))
figure(3)
plotchar(alphabet(3,:))
function plotchar(c)
% DEFINE BOX
x1 = [-0.5 -0.5 +0.5 +0.5 -0.5];
y1 = [-0.5 +0.5 +0.5 -0.5 -0.5];
```

```
% DEFINE BOX WITH X
x2 = [x1 +0.5 +0.5 -0.5];
y2 = [y1 +0.5 -0.5 +0.5];
newplot;
plot(x1*5.6+2.5,y1*7.6+3.5,'k');
axis([-1.5 6.5 -0.5 7.5]);
axis('equal')
axis off
hold on

for i = 1:length(c)
  x = rem(i-1,5)+.5;
  y = 6-floor((i-1)/5)+.5;
  plot(x2*c(i)+x,y2*c(i)+y,'k','linewidth',15);
  end
hold off
end
```

运行结果如图 13-2 所示。

图 13-2　数字化构成的字母图形

手写体字符相当于标准的图形带有了噪声，字符越潦草，带有的噪声水平越高。下面模拟噪声水平分别为 0.1 和 0.4 的字母图形，MATLAB 程序如下：

```
alphabet = [
    0 0 1 0 0  0 1 0 1 0  0 1 0 1 0  1 0 0 0 1  1 1 1 1 1  1 0 0 0 1  1 0
0 0 1
    1 1 1 1 0  1 0 0 0 1  1 0 0 1 0  1 1 1 0 0  1 0 0 1 0  1 0 0 0 1  1 1
1 1 0
    0 0 1 1 1  0 1 0 0 0  1 0 0 0 0  1 0 0 0 0  1 0 0 0 0  0 1 0 0 0  0 0
1 1 1
    ];
alphabet1 = alphabet + randn*0.1
plotchar(alphabet1(1,:))
figure(2)
plotchar(alphabet1(2,:))
figure(3)
plotchar(alphabet1(3,:))
function plotchar(c)
% DEFINE BOX
x1 = [-0.5 -0.5 +0.5 +0.5 -0.5];
y1 = [-0.5 +0.5 +0.5 -0.5 -0.5];
% DEFINE BOX WITH X
x2 = [x1 +0.5 +0.5 -0.5];
y2 = [y1 +0.5 -0.5 +0.5];
newplot;
```

```
plot(x1*5.6+2.5,y1*7.6+3.5,'k');
axis([-1.5 6.5 -0.5 7.5]);
axis('equal')
axis off
hold on

for i = 1:length(c)
  x = rem(i-1,5)+.5;
  y = 6-floor((i-1)/5)+.5;
  plot(x2*c(i)+x,y2*c(i)+y,'k','linewidth',15);
  end
hold off
End
```

运行结果如图 13-3 所示。

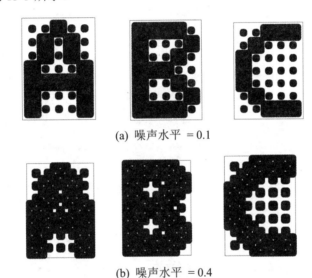

(a) 噪声水平 = 0.1

(b) 噪声水平 = 0.4

图 13-3　带有噪声的字母

噪声水平为 0.1 的三个字母的矩阵如下(三行分别是 A、B、C 的数字矩阵):

```
alphabet1 =
 列 1 至 14
-0.1350   -0.1350    0.8650   -0.1350   -0.1350   -0.1350    0.8650   -0.1350
 0.8650   -0.1350   -0.1350    0.8650   -0.1350    0.8650
 0.8650    0.8650    0.8650    0.8650   -0.1350    0.8650   -0.1350   -0.1350
-0.1350    0.8650    0.8650   -0.1350   -0.1350    0.8650
-0.1350   -0.1350    0.8650    0.8650    0.8650   -0.1350    0.8650   -0.1350
-0.1350   -0.1350    0.8650   -0.1350   -0.1350   -0.1350
 列 15 至 28
-0.1350    0.8650   -0.1350   -0.1350   -0.1350   0.8650  0.8650    0.8650    0.8650
 0.8650    0.8650    0.8650   -0.1350   -0.1350
-0.1350    0.8650    0.8650    0.8650   -0.1350  -0.1350  0.8650   -0.1350   -0.1350
 0.8650   -0.1350    0.8650   -0.1350   -0.1350
-0.1350    0.8650   -0.1350   -0.1350   -0.1350  -0.1350  0.8650   -0.1350   -0.1350
-0.1350   -0.1350   -0.1350    0.8650   -0.1350
 列 29 至 35
```

```
         -0.1350     0.8650     0.8650    -0.1350    -0.1350    -0.1350     0.8650
         -0.1350     0.8650     0.8650     0.8650     0.8650     0.8650    -0.1350
         -0.1350    -0.1350    -0.1350    -0.1350     0.8650     0.8650     0.8650
```

噪声水平为 0.4 的三个字母的矩阵如下：

```
alphabet1 =
列 1 至 14
0.2859  0.2859  1.2859  0.2859  0.2859  0.2859  1.2859  0.2859  1.2859
0.2859  0.2859  1.2859  0.2859  1.2859
1.2859  1.2859  1.2859  1.2859  0.2859  1.2859  0.2859  0.2859  0.2859
1.2859  1.2859  0.2859  0.2859  1.2859
0.2859  0.2859  1.2859  1.2859  1.2859  0.2859  1.2859  0.2859  0.2859
0.2859  1.2859  0.2859  0.2859  0.2859
列 15 至 28
0.2859  1.2859  0.2859  0.2859  0.2859  0.2859  1.2859  1.2859  1.2859  1.2859
1.2859  1.2859  1.2859  0.2859  0.2859
0.2859  1.2859  1.2859  1.2859  0.2859  0.2859  1.2859  0.2859  0.2859
1.2859  0.2859  1.2859  0.2859  0.2859
0.2859  1.2859  0.2859  0.2859  0.2859  0.2859  1.2859  0.2859  0.2859
0.2859  0.2859  0.2859  1.2859  0.2859
列 29 至 35
0.2859   1.2859   1.2859   0.2859   0.2859   0.2859   1.2859
0.2859   1.2859   1.2859   1.2859   1.2859   1.2859   0.2859
0.2859   0.2859   0.2859   0.2859   1.2859   1.2859   1.2859
```

(2) 用上述 9 个字母的数据作为训练样本，训练卷积神经网络模型。MATLAB 程序如下：

```
a = [0 0 1 0 0  0 1 0 1 0  0 1 0 1 0  1 0 0 0 1  1 1 1 1 1  1 0 0 0 1  1 0 0 0 1
     1 1 1 1 0  1 0 0 0 1  1 0 0 1 0  1 1 1 0 0  1 0 0 1 0  1 0 0 0 1  1 1 1 1 0
     0 0 1 1 1  0 1 0 0 0  1 0 0 0 1  1 0 0 0 0  1 0 0 0 0  0 1 0 0 0  0 0 1 1 1
     ];
% 没有噪声的字母 A,B,C 的数字矩阵
a1 = [-0.1350    -0.1350     0.8650    -0.1350    -0.1350    -0.1350     0.8650
      -0.1350     0.8650    -0.1350    -0.1350     0.8650    -0.1350     0.8650
       0.8650     0.8650     0.8650     0.8650    -0.1350     0.8650    -0.1350
      -0.1350    -0.1350     0.8650     0.8650    -0.1350    -0.1350     0.8650
      -0.1350    -0.1350     0.8650     0.8650     0.8650    -0.1350     0.8650
      -0.1350    -0.1350    -0.1350     0.8650    -0.1350    -0.1350    -0.1350];
% 噪声水平为 0.1 的字母 A,B,C 的数字矩阵列 1 到列 14 的数据
a2 = [-0.1350     0.8650    -0.1350    -0.1350    -0.1350     0.8650     0.8650
       0.8650     0.8650     0.8650     0.8650     0.8650    -0.1350    -0.1350
      -0.1350     0.8650     0.8650     0.8650    -0.1350    -0.1350     0.8650
      -0.1350    -0.1350     0.8650    -0.1350     0.8650    -0.1350    -0.1350
      -0.1350     0.8650    -0.1350    -0.1350    -0.1350    -0.1350     0.8650
      -0.1350    -0.1350    -0.1350    -0.1350    -0.1350     0.8650    -0.1350];
% 噪声水平为 0.1 的字母 A,B,C 的数字矩阵列 15 到列 28 的数据
a3 = [-0.1350     0.8650     0.8650    -0.1350    -0.1350    -0.1350     0.8650
      -0.1350     0.8650     0.8650     0.8650     0.8650     0.8650    -0.1350
      -0.1350    -0.1350    -0.1350    -0.1350     0.8650     0.8650     0.8650];
```

高等院校计算机教育系列教材

```
% 噪声水平为 0.1 的字母 A,B,C 的数字矩阵列 29 到列 35 的数据
a4 = [0.2859    0.2859    1.2859    0.2859    0.2859    0.2859    1.2859
      0.2859    1.2859    0.2859    0.2859    1.2859    0.2859    1.2859
      1.2859    1.2859    1.2859    1.2859    0.2859    1.2859    0.2859
      0.2859    0.2859    1.2859    1.2859    0.2859    0.2859    1.2859
      0.2859    0.2859    1.2859    1.2859    1.2859    0.2859    1.2859
      0.2859    0.2859    0.2859    1.2859    0.2859    0.2859    0.2859];
% 噪声水平为 0.4 的字母 A,B,C 的数字矩阵列 1 到列 14 的数据
a5 = [0.2859    1.2859    0.2859    0.2859    0.2859    1.2859    1.2859
      1.2859    1.2859    1.2859    1.2859    1.2859    1.2859    0.2859
      0.2859    1.2859    1.2859    1.2859    0.2859    0.2859    1.2859
      0.2859    0.2859    1.2859    0.2859    1.2859    0.2859    0.2859
      0.2859    1.2859    0.2859    0.2859    0.2859    0.2859    1.2859
      0.2859    0.2859    0.2859    0.2859    0.2859    1.2859    0.2859];
% 噪声水平为 0.4 的字母 A,B,C 的数字矩阵列 15 到列 28 的数据
a6 = [0.2859    1.2859    1.2859    0.2859    0.2859    0.2859    1.2859
      0.2859    1.2859    1.2859    1.2859    1.2859    1.2859    0.2859
      0.2859    0.2859    0.2859    0.2859    1.2859    1.2859    1.2859];
% 噪声水平为 0.4 的字母 A,B,C 的数字矩阵列 29 到列 35 的数据

p_train = [a
   a1 a2 a3
   a4 a5 a6]';
t_train = [1 2 3 1 2 3 1 2 3];
t_train = categorical( t_train );
% 1,2,3 分别代表字母 A,B,C
M = size(p_train, 2);
```

噪声水平为 0.25 的三个字母的矩阵如下：

```
alphabet1 =
 列 1 至 14
-0.0310 -0.0310  0.9690 -0.0310 -0.0310 -0.0310  0.9690 -0.0310  0.9690
-0.0310 -0.0310  0.9690 -0.0310  0.9690
 0.9690  0.9690  0.9690  0.9690 -0.0310  0.9690 -0.0310 -0.0310 -0.0310
 0.9690  0.9690 -0.0310 -0.0310  0.9690
-0.0310 -0.0310  0.9690  0.9690  0.9690 -0.0310  0.9690 -0.0310 -0.0310
-0.0310  0.9690 -0.0310 -0.0310 -0.0310
 列 15 至 28
-0.0310  0.9690 -0.0310 -0.0310 -0.0310  0.9690  0.9690
 0.9690  0.9690  0.9690  0.9690  0.9690 -0.0310 -0.0310
-0.0310  0.9690  0.9690  0.9690 -0.0310 -0.0310  0.9690 -0.0310
-0.0310  0.9690 -0.0310  0.9690 -0.0310 -0.0310
-0.0310  0.9690 -0.0310 -0.0310 -0.0310 -0.0310  0.9690 -0.0310
-0.0310 -0.0310 -0.0310 -0.0310  0.9690 -0.0310
 列 29 至 35
-0.0310    0.9690    0.9690 -0.0310 -0.0310 -0.0310  0.9690
-0.0310    0.9690    0.9690  0.9690  0.9690  0.9690 -0.0310
-0.0310 -0.0310   -0.0310 -0.0310  0.9690  0.9690  0.9690
```

噪声水平为 0.25 的字母图形如图 13-4 所示。

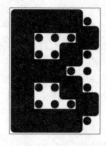

图 13-4　噪声水平为 0.25 的字母图形

用噪声水平为 0.25 的三个字母的数据作为测试样本。MATLAB 程序如下：

```
aa1 = [
    -0.0310    -0.0310     0.9690    -0.0310    -0.0310    -0.0310     0.9690
    -0.0310     0.9690    -0.0310    -0.0310     0.9690    -0.0310     0.9690
     0.9690     0.9690     0.9690     0.9690    -0.0310     0.9690    -0.0310
    -0.0310    -0.0310     0.9690     0.9690    -0.0310    -0.0310     0.9690
    -0.0310    -0.0310     0.9690     0.9690     0.9690    -0.0310     0.9690
    -0.0310    -0.0310    -0.0310     0.9690    -0.0310    -0.0310    -0.0310];
% 列 1 到列 14
aa2 = [
    -0.0310     0.9690    -0.0310    -0.0310    -0.0310     0.9690     0.9690
     0.9690     0.9690     0.9690     0.9690     0.9690    -0.0310    -0.0310
    -0.0310     0.9690     0.9690     0.9690    -0.0310    -0.0310     0.9690
    -0.0310    -0.0310     0.9690    -0.0310     0.9690    -0.0310    -0.0310
    -0.0310     0.9690    -0.0310    -0.0310    -0.0310    -0.0310     0.9690
    -0.0310    -0.0310    -0.0310    -0.0310    -0.0310     0.9690    -0.0310];
% 列 15 到列 28
aa3 = [
    -0.0310     0.9690     0.9690    -0.0310    -0.0310    -0.0310     0.9690
    -0.0310     0.9690     0.9690     0.9690     0.9690     0.9690    -0.0310
    -0.0310    -0.0310    -0.0310    -0.0310     0.9690     0.9690     0.9690];
% 列 29 到列 35

p_test = [aa1 aa2 aa3]';
t_test = [1 2 3];
t_test = categorical( t_test );
N = size(p_test, 2);

% 对上面的数据格式进行处理，和 CNN 的输入层的数据结构保持一致
p_train = reshape(p_train, 35, 1, 1, M);
p_train = double(p_train);
t_train = t_train';
p_test = reshape(p_test ,35, 1, 1, N);
p_test = double(p_test);
t_test = t_test';
```

(3) 创建 CNN 模型。MATLAB 程序如下:

```
layers = [...
    imageInputLayer([35, 1, 1])
    % 输入层为图像格式, 每个图像为 35×35×1 个像素
    convolution2dLayer([3, 1], 16, 'Padding', 'same')
    % 卷积层。卷积核的大小为 3×1, 生成 16 张特征图
    batchNormalizationLayer
    % 批量处理归一化层
    reluLayer
    % Relu 激活层
    maxPooling2dLayer([2, 1], 'Stride', [1, 1])
    % 最大池化层, 池化窗口为[2, 1], 步长为[1, 1]
    dropoutLayer(0.1)              % Dropout 层
    fullyConnectedLayer(3)
    % 全连接层。numClasses = 3, 表示输出参数的个数
    softmaxLayer
    classificationLayer];
% 分类层用 softmaxLayer 和 classificationLayer
% 如果是回归层, 要改为 regressionLayer
```

(4) 设置 CNN 模型的训练参数。MATLAB 程序如下:

```
options = trainingOptions('sgdm', ...
% 训练算法是 sgdm 梯度下降法
    'MiniBatchSize',1, ...
% 批处理量。每次训练样本的数量是 1 个
    'MaxEpochs', 1200, ...
% 最大训练次数是 1200 次
    'InitialLearnRate', 1e-2, ...
% 初始学习速率是 1e-2, 即 0.01
    'LearnRateSchedule', 'piecewise', ...
% 学习速率进度为分段方式
    'LearnRateDropFactor', 0.1, ...
% 学习速率下降因子是 0.1
    'LearnRateDropPeriod', 800, ...
% 学习速率下降周期是 800 次
    'Shuffle', 'every-epoch', ...
% 每次训练时都打乱训练样本的顺序
    'Plots', 'training-progress', ...
% 绘制训练进度曲线
'Verbose', false);
```

另外, 也可以直接采用默认格式。MATLAB 程序如下:

```
options = trainingOptions('sgdm', 'Plots', 'training-progress');
```

(5) 训练模型。MATLAB 程序如下:

```
net = trainNetwork(p_train, t_train, layers, options);
```

训练进度如图 13-5 所示。

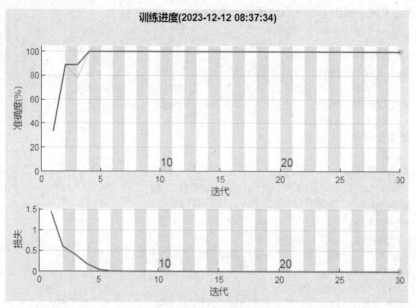

图 13-5 训练进度

(6) 用模型进行识别。MATLAB 程序如下：

```
t_pred = classify(net, p_test )
```

运行结果如下：

```
在单 CPU 上训练。
正在初始化输入数据归一化。

|=========================================================================|
|   轮   |   迭代   |    经过的时间    |   小批量准确度   |  小批量损失  |   基础学习率   |
|        |         |  (h h: mm: s s)  |               |            |              |
|=========================================================================|
|   1    |    1    |   00: 00: 05    |    33.33%     |   1.4548   |   0.0100    |
|   30   |   30    |   00: 00: 06    |   100.00%     | 1.8942e-05 |   0.0100    |
|=========================================================================|

t_pred =
  3×1 categorical 数组
    1
    2
    3
```

可以看到，CNN 对新字符的识别正确率达 100%。前面提到，深度学习模型需要大量的训练样本。限于篇幅，本书没有用太多样本，读者可以自己尝试。

例 2：用 CNN 进行数字识别。

在本例中，使用图片作为训练样本和识别样本。训练样本图片使用两张，如图 13-6 所示。识别样本图片也使用两张，如图 13-7 所示。

| (a) | (b) | (a) | (b) |

图 13-6　训练样本图片　　　　　　　　图 13-7　识别样本图片

(1)　从文件中读取图像，并对图像进行数字化表征。MATLAB 程序如下：

```
image1 = imread('D:\Program Files\Polyspace\R2021a\bin\q\q1.jpg');
figure(1)
imshow(image1)
image2 = imread('D:\Program Files\Polyspace\R2021a\bin\q\q2.jpg');
figure(2)
imshow(image2)
image3 = imread('D:\Program Files\Polyspace\R2021a\bin\q\q3.jpg');
figure(3)
imshow(image3)
image4 = imread('D:\Program Files\Polyspace\R2021a\bin\q\q4.jpg');
figure(4)
imshow(image4)

sizeimage1 = size(image1 )
sizeimage2 = size(image2 )
sizeimage3 = size(image3 )
sizeimage4 = size(image4 )
% 显示像素的规模，即行数和列数
image1 = rgb2gray(image1  );
image2 = rgb2gray(image2  );
image3 = rgb2gray(image3  );
image4 = rgb2gray(image4  );
% 把真彩色 (RGB) 图像转换为灰度图像

image1 = imresize(image1,[28, 28]);
image2 = imresize(image2,[28, 28]);
image3 = imresize(image3,[28, 28]);
image4 = imresize(image4,[28, 28]);
sizeimage1 = size(image1 )
sizeimage2 = size(image2 )
sizeimage3 = size(image3 )
sizeimage4 = size(image4 )

image1 = reshape(image1 ,[1,784])
image2 = reshape(image2 ,[1,784])
image3 = reshape(image3 ,[1,784])
image4 = reshape(image4 ,[1,784])
```

r#

得到训练样本和预测样本的数据如下：

```
p_train = [image1
        image2];
p_train = p_train';
t_train = [1    2];
t_train = categorical(t_train );
M = size(p_train, 2)
p_train = reshape(p_train, 784, 1, 1, M)
p_train = double(p_train)
t_train = (t_train)'

p_new = [image3
        image4];
p_new = p_new';
t_new = [1    2];
t_new = categorical(t_new );
N = size(p_new, 2)
p_new = reshape(p_new ,784, 1, 1, N)
p_new = double(p_new)
t_new = (t_new )'
```

(2) 设计 CNN 模型，并设置训练参数。MATLAB 程序如下：

```
layers = [...
 imageInputLayer([784,1, 1])
 % 输入层的输入数据规模为 [784 1 1]
 convolution2dLayer([3, 1], 16, 'Padding', 'same')
 batchNormalizationLayer
 reluLayer
 maxPooling2dLayer([2, 1], 'Stride', [1, 1])
 dropoutLayer(0.1)
 fullyConnectedLayer(2)
 softmaxLayer
 classificationLayer];

options = trainingOptions('sgdm', ...
    'MiniBatchSize',1, ...
    'MaxEpochs', 1200, ...
    'InitialLearnRate', 1e-2, ...
    'LearnRateSchedule', 'piecewise', ...
    'LearnRateDropFactor', 0.1, ...
'LearnRateDropPeriod', 800, ...
'Shuffle', 'every-epoch', ...
'Plots', 'training-progress', ...
'Verbose', false);
```

(3) 训练 CNN 模型，MATLAB 程序如下：

```
net = trainNetwork(p_train, t_train, layers, options);
```

198

训练进度如图 13-8 所示。

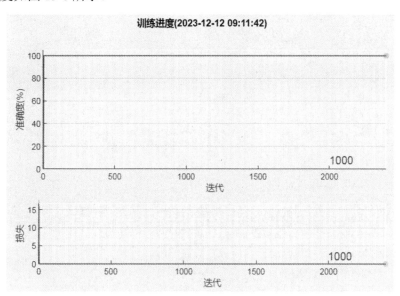

图 13-8　训练进度

(4)　用模型进行识别。MATLAB 程序如下：

```
t_pred = classify(net, p_new )
```

运行结果如下：

```
t_new =
  2×1 categorical 数组
    1
    2
t_pred =
  2×1 categorical 数组
    1
    2
```

可以看到，CNN 模型对两张图片的识别结果完全正确。

13.2.3　CNN 回归分析案例与 MATLAB 编程

例3：用 CNN 模型进行二元回归分析。数据如表 13-1 所示。

表 13-1　CNN 二元回归分析的数据

X_1	1	2	3	4	5	6
X_1	0	0	0	0	0	0
Y	0.1	0.2	0.3	0.4	0.5	0.6

MATLAB 程序如下：

```
p_train = [
   1 0
```

```
    2  0
    3  0
    4  0
    5  0
    6  0
    ]';
t_train = [0.1 0.2 0.3 0.4 0.5 0.6];
M = size(p_train, 2)
p_test = [
    2.5 0
    3.5 0]' ;
t_test = [0.25 0.35] ;
N = size(p_test, 2)
p_train = reshape(p_train, 2, 1, 1, M)
p_train = double(p_train)
t_train = double(t_train)'
p_test = reshape(p_test , 2, 1, 1, N)
p_test = double(p_test)
t_test = double(t_test )'

layers = [
 imageInputLayer([2, 1, 1])
 % 输入层的输入数据规模为[2, 1, 1]
 convolution2dLayer([3, 1], 16, 'Padding', 'same')
 batchNormalizationLayer
 reluLayer
 maxPooling2dLayer([2, 1], 'Stride', [1, 1])
 dropoutLayer(0.1)
 fullyConnectedLayer(1)
 regressionLayer];

options = trainingOptions('sgdm', ...
    'MiniBatchSize', 1, ...
    'MaxEpochs', 1200, ...
    'InitialLearnRate', 1e-2, ...
    'LearnRateSchedule', 'piecewise', ...
    'LearnRateDropFactor', 0.1, ...
    'LearnRateDropPeriod', 800, ...
    'Shuffle', 'every-epoch', ...
    'Plots', 'training-progress', ...
    'Verbose', false);

net = trainNetwork(p_train, t_train, layers, options);
t_pred = predict(net, p_test )
```

训练进度如图 13-9 所示。

高等院校计算机教育系列教材

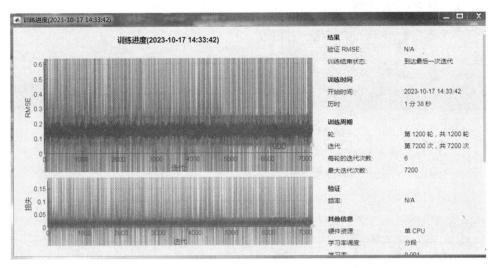

图 13-9 训练进度

运行结果如下:

```
t_pred =
  2×1 single 列向量
  -21.5658
  -10.0271
```

可见, 预测效果很差, 应该与训练样本少有关。下面增加训练样本, 重新进行预测。
程序改为:

```
a = [0:0.1:100];
b = 0*a;
p_train = [
    a
    b];
t_train = 0.1*a;
M = size(p_train, 2)
p_test = [
    2.5 0
    3.5 0]' ;
t_test = [0.25 0.35] ;
N = size(p_test, 2)
%(后面的程序语句未做修改, 故省略)
```

运行结果如下:

```
t_pred =
  2×1 single 列向量
    0.3529
    0.4571
```

可见, 预测效果有所改善。但不确定是否是训练样本数量越多, 预测效果越好。为了
确认这点, 继续增加训练样本的数量, 进行预测。程序改为:

```
a = [0:0.01:100];
```

```
b = 0*a;
p_train = [
    a
    b];
t_train = 0.1*a;
M = size(p_train, 2)
p_test = [
    2.5 0
    3.5 0]' ;
t_test = [0.25 0.35] ;
N = size(p_test, 2)
```

运行结果如下：

```
t_pred =
  2×1 single 列向量
    0.3384
    0.4358
```

和上一步相比，改善不明显。说明要进一步改善预测效果，可能需要更大幅度地增加训练样本数量。到现在为止，我们可以看出来，和前面介绍的一些其他回归算法相比，卷积神经网络的预测性能并不占优势，而且需要的训练样本数量多，训练过程耗时长。

13.3　长短期记忆神经网络

13.3.1　概述

长短期记忆神经网络(long short-term memory，LSTM)是根据人类的记忆机制设计的一种深度学习人工神经网络模型：人的大脑会根据输入信息的重要性对它们进行记忆或遗忘，这种机制使人脑能有效地处理大量复杂而长期的信息。

为了实现这种功能，在 LSTM 神经网络模型中设计了两种结构："门"结构(gate)和"细胞状态"。利用它们实现记忆机制——"门"可以控制信息的接收和输出；"细胞状态"会随对存的信息进行更新。可见，这和人脑的记忆机制很相似。

由于 LSTM 的结构特点，所以它很擅长处理时间序列问题，比如市场发展趋势预测、股票价格预测等。另外，它在自然语言处理、艺术等领域也有极大的应用价值，比如机器写作、机器对话、手写字符识别、绘画等，这些问题在很大程度上也属于时间序列问题。

13.3.2　LSTM 回归案例与 MATLAB 编程

用于回归分析的 LSTM 模型包括输入层、LSTM 层、全连接层、回归输出层。

例 1：用 LSTM 模型进行回归分析。

(1) 搜集训练样本。MATLAB 程序如下：

```
XTrain = [1 2 3 4 5 6];
YTrain = [0.1 0.2 0.3 0.4 0.5 0.6];
```

(2) 创建 LSTM 模型。MATLAB 程序如下：

```
numResponses = 1;
numHiddenUnits = 200;
% LSTM 层有 200 个隐含单元
layers = [...
    sequenceInputLayer(1)
    % 序列输入层。括号里的数字表示输入数据的影响因素个数
    lstmLayer(numHiddenUnits,'OutputMode','sequence')
    % 回归方式为"序列到序列"时，OutputMode 设置为 sequence
    % 回归方式为"序列到单个"时，OutputMode 设置为 last
    fullyConnectedLayer(1)
    % 全连接层。括号里的数字表示输出结果的数量。一般用 numResponses 表示
    dropoutLayer(0.5)
    % 丢弃层。丢弃概率为 0.5
    regressionLayer];
```

(3) 设置训练参数。MATLAB 程序如下：

```
maxEpochs = 60;
% 训练次数为 60 次
miniBatchSize = 20;
options = trainingOptions('adam', ...      % 训练算法为 Adam 算法
    'MaxEpochs',maxEpochs, ...
    'MiniBatchSize',miniBatchSize, ...
    'InitialLearnRate',0.01, ...
    'GradientThreshold',1, ...
    'Shuffle','never', ...
    'Plots','training-progress',...
    'Verbose',0);
```

(4) 训练 LSTM 模型。MATLAB 程序如下：

```
net = trainNetwork(XTrain,YTrain,layers,options);
```

(5) 预测新数据。MATLAB 程序如下：

```
XTest = [2.5 3.5];
y_test = [0.25 0.35] ;
YPred = predict(net,XTest,'MiniBatchSize',1)
```

运行结果如下：

```
YPred =
  1×2 single 行向量
    0.1062    0.1652
```

可以看到，LSTM 模型的预测性能比 CNN 模型高很多。
增加训练样本数量，观察预测性能是否提高。MATLAB 程序如下：

```
XTrain = [0:0.1:100];
YTrain = 0.1*XTrain ;
numResponses = 1;
numHiddenUnits = 200;
```

```
layers = [...
    sequenceInputLayer(1)
    lstmLayer(numHiddenUnits,'OutputMode','sequence')
    fullyConnectedLayer(50)
    dropoutLayer(0.5)
    fullyConnectedLayer(1) %numResponses
    regressionLayer];

maxEpochs = 60;
miniBatchSize = 20;

options = trainingOptions('adam', ...
    'MaxEpochs',maxEpochs, ...
    'MiniBatchSize',miniBatchSize, ...
    'InitialLearnRate',0.01, ...
    'GradientThreshold',1, ...
    'Shuffle','never', ...
    'Plots','training-progress',...
    'Verbose',0);
net = trainNetwork(XTrain,YTrain,layers,options);
XTest = [2.5 3.5];
y_test = [0.25 0.35] ;
YPred = predict(net,XTest,'MiniBatchSize',1)
```

运行结果如下：

```
YPred =
  1×2 single 行向量
  -0.0301    0.1985
```

可以看到，预测性能反而下降了。继续增加训练样本数量，MATLAB 程序如下：

```
XTrain = [0:0.01:100];
YTrain = 0.1*XTrain ;
%(后面的程序语句未做修改，故省略)
```

运行结果如下：

```
YPred =
  1×2 single 行向量
0.1188    0.3313
```

可以看到，预测性能又提高了，这说明：预测性能和训练样本数量之间可能不是简单的线性关系——如果训练样本的数量增加不多，预测性能不会有明显的改变，只有训练样本的数量增加到一定程度时，预测性能才会明显提高。这一点需要在将来的工作中进行验证。读者如果有兴趣，可以自己进行验证。

13.3.3　LSTM 时序预测案例与 MATLAB 编程

例 2：假设某用户在某平台的粉丝数量在前几个月分别为 4、6、8、9、11、14 个。用

LSTM 模型预测他未来几个月的粉丝数量。

MATLAB 程序如下：

```
a = [4 6 8 9 11 14];
XTrain = a(1:end-1)
YTrain = a(2:end)

numFeatures = 1;
numResponses = 1;
numHiddenUnits = 200;
layers = [...
    sequenceInputLayer(numFeatures)
    lstmLayer(numHiddenUnits)
    fullyConnectedLayer(numResponses)
    regressionLayer];

options = trainingOptions('adam', ...
    'MaxEpochs',250, ...
    'GradientThreshold',1, ...
    'InitialLearnRate',0.005, ...
    'LearnRateSchedule','piecewise', ...
    'LearnRateDropPeriod',125, ...
    'LearnRateDropFactor',0.2, ...
    'Verbose',0, ...
    'Plots','training-progress');

net = trainNetwork(XTrain,YTrain,layers,options);
net = predictAndUpdateState(net,XTrain);
[net,YPred] = predictAndUpdateState(net,YTrain(end))
```

运行结果如下：

```
net =
  SeriesNetwork - 属性:
        Layers: [4×1 nnet.cnn.layer.Layer]
    InputNames: {'sequenceinput'}
   OutputNames: {'regressionoutput'}
YPred =
  single
  15.6732
```

把第一次的预测结果加入训练数据中，进行第二次预测；然后再将预测结果加入训练数据中，进行第三次预测……，最终得到下面的结果：

```
16.2282    16.4111    16.4837
```

可以看到，在未来的几个月，他的粉丝数量会分别增加为 15.6732、16.2282、16.4111、16.4837 个。

例 3：用 LSTM 模型预测股票价格。

假设在前一段时间，某公司的股票价格如 a 中的数据所示。用 LSTM 模型预测它在未来的价格。

MATLAB 程序如下：

```
a = [
   10.0000   11.2242   14.5970   19.2926   24.1615   28.0114   29.8999 ...
   29.3646   26.5364   22.1080   17.1634   12.9133   10.3983   10.2341 ...
   12.4610   16.5336   21.4550   26.0201   29.1113   29.9717   28.3907 ...
   24.7554   19.9557   15.1670   11.5615   10.0220   10.9255   14.0508 ...
   18.6326   23.5492   27.5969   29.7845   29.5766   27.0240   22.7516 ...
   17.8056   13.3968   10.6048   10.1130   12.0419   15.9192];
XTrain = a(1:end-1);
YTrain = a(2:end);

numFeatures = 1;
numResponses = 1;
numHiddenUnits = 200;
layers = [...
    sequenceInputLayer(numFeatures)
    lstmLayer(numHiddenUnits)
    fullyConnectedLayer(numResponses)
    regressionLayer];

options = trainingOptions('adam', ...
    'MaxEpochs',250, ...
    'GradientThreshold',1, ...
    'InitialLearnRate',0.005, ...
    'LearnRateSchedule','piecewise', ...
    'LearnRateDropPeriod',125, ...
    'LearnRateDropFactor',0.2, ...
    'Verbose',0, ...
    'Plots','training-progress');

net = trainNetwork(XTrain,YTrain,layers,options);
net = predictAndUpdateState(net,XTrain);
[net,YPred] = predictAndUpdateState(net,YTrain(end))
```

运行结果如下：

```
YPred =
  single
  20.7844
```

把第一次的预测结果加入训练数据中，进行第二次预测。运行结果如下：

```
YPred =
  single
  25.3946
```

把这个结果再加入训练数据中，进行第三次预测。运行结果如下：

28.7188

反复进行，得到以下结果：

```
29.8247  28.3033   24.7735  19.9365   15.1868   11.6352
10.1146  11.0539   14.2588
```

绘图观察预测效果。MATLAB 程序如下：

```
a = [
   10.0000   11.2242   14.5970   19.2926   24.1615   28.0114   29.8999 ...
   29.3646   26.5364   22.1080   17.1634   12.9133   10.3983   10.2341 ...
   12.4610   16.5336   21.4550   26.0201   29.1113   29.9717   28.3907 ...
   24.7554   19.9557   15.1670   11.5615   10.0220   10.9255   14.0508 ...
   18.6326   23.5492   27.5969   29.7845   29.5766   27.0240   22.7516 ...
   17.8056   13.3968   10.6048   10.1130   12.0419   15.9192];
plot(x,a,'r.','markersize',25)
hold on
x1 = 42:1:53;
a1 = [20.7844   25.3946 28.7188 29.8247 28.3033   24.7735 19.9365 ...
15.1868   11.6352   10.1146   11.0539 14.2588];
plot(x1,a1,'b.','markersize',25)
ylim([0,50])
```

对股票价格的预测效果如图 13-10 所示。

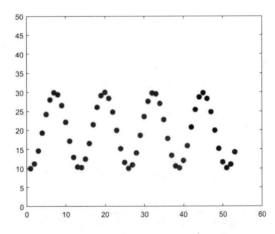

图 13-10　对股票价格的预测效果

第 14 章
机 器 阅 读

语言学习即自然语言处理(natural language processing，NLP)，是机器学习乃至整个人工智能领域最热门、最有趣的技术之一，应用前景十分广阔，但是实现难度也非常大，非常具有挑战性，因而吸引了学术界和产业界的广泛关注。

语言学习的目的就是让机器学习人类的语言，包括书面语言和口头语言。学习书面语言的目的是学会读、写、笔译等，学习口头语言的目的是学会听、说、口译等。

目前，机器语言学习的研究领域可以分为多个，包括：

(1) 机器阅读：让机器学习书面语言，会"读"，具有理解能力。

(2) 机器写作：让机器具有写作能力，会"写"，如写作文、写各种文件，甚至写小说、写诗等。

(3) 机器对话：包括听和说。听，即让机器学习人类的口头语言，会"听"，能听懂人类说话。说，即让机器会"说"，研制聊天机器人、智能机器客服、智能陪护等。

(4) 机器翻译：让机器学习多种语言，能进行翻译，包括笔译、口译。

机器语言学习的实现方法有多种，比如基于统计技术的学习、基于规则的学习、强化学习、深度学习等。

在本章，将对机器阅读进行介绍。

14.1 机器信息统计

14.1.1 信息检索和提取案例与 MATLAB 编程

当前，我们处于信息时代，经常需要从海量信息中检索和提取自己需要的部分，机器阅读可以帮助人们做这项工作，为人们节省大量的时间。这项技术在互联网搜索引擎、内容推送、商业、科学研究等领域有巨大的应用价值和广阔的应用前景。

在 MATLAB R2021a 中，可以使用字符串查找函数 strfind()进行信息的检索和提取，其调用方法如下：

```
k = strfind(str, pat)
```

其中，str 是原始的字符串，pat 是搜索对象。k 显示 str 中 pat 的位置。如果没有找到 pat，会返回一个空数组[]。

注意：strfind 函数的搜索区分字母的大小写。

例 1：从下面的字符串中搜索"Messi"，并统计它出现的次数。

```
str = 'I like Messi, Mike likes C.Ronaldo and does not like Messi.'
```

MATLAB 程序如下：

```
str = 'I like Messi, Mike likes C.Ronaldo and does not like Messi.';
k = strfind(str, 'Messi')
% 从字符串 str 中查找子字符串 Messi
Number_of_k = length(k)
% 统计子字符串 Messi 出现的次数
```

运行结果如下：

```
k =
     8    54
Number_of_k =
     2
```

如果文件的内容比较多，有很多行，就需要对它先进行简单的处理，因为在 MATLAB 中，字符串是一个一维向量，strfind 函数不能直接处理多行信息。处理的方法有多种，第一种是把整个文本写成几个短字符串，然后用 str 指令把多个短字符串拼接成一个长字符串。见下面的例子。

例 2：从下面的文本中查找"Messi"，并统计它出现的次数。

```
I like Messi, Mike likes C.Ronaldo and does not like Messi. Both Messi
and C.Ronaldo are excellent.
```

MATLAB 程序如下：

```
a = 'I like Messi, Mike likes C.Ronaldo and does not like Messi.';
b = 'Both Messi and C.Ronaldo are excellent.';
% 把整个文本分成若干个子字符串，即若干行
str = [a b];
% 把各个子字符串拼接成一个字符串
k = strfind(str, 'Messi')
% 从字符串 str 中查找子字符串 Messi
Number_of_k = length(k)
```

运行结果如下：

```
k =
     8    54    65
Number_of_k =
     3
```

另一种方法是，把较长的文本创建为字符向量元胞数组，然后进行查找。见下面的例子。

例 3：仍以上面例 2 做说明。

MATLAB 程序如下：

```
str = {'I like Messi, Mike likes C.Ronaldo and does not like Messi. ';
    'Both Messi and C.Ronaldo are excellent. '};
idx = strfind(str,'Messi')
    % 从元胞数组中查找子字符串 Messi
```

运行结果如下：

```
idx =
  2×1 cell 数组
    {[8 54]}
    {[6]}
```

14.1.2 词频统计案例与 MATLAB 编程

通过词频统计可以找出文本中各个词出现的次数或频率，这对理解文本的内容很有帮助。

在 MATLAB R2021a 中，进行词频统计使用的函数是 wordcloud，可以生成词云图。其调用方法如下：

```
wordcloud(str)
```

例 4：显示下面的文本中各个主要单词的词频。

```
Frog fair.
Frog fair.
Frog sun.
```

MATLAB 程序如下：

```
str = {'Frog fair'
       'Frog fair '
       'Frog sun ' };
% 文本较长时，可以创建字符串矩阵，但各行的字符数必须相等，如果不相等，可以用空格调节
wordcloud(str)
```

生成的词云图如图 14-1 所示。

图 14-1　词云图

词云图里各个单词的颜色可以单独设置，这样显示效果更好。

MATLAB 程序如下：

```
str = {'Frog fair'
```

高等院校计算机教育系列教材

```
      'Frog fair '
      'Frog sun ' };
wordcloud(str,'color',[1 0 0;0 1 0;0 0 1] )
% 把单词设置为不同的颜色
```

生成的具有不同颜色的词云图如图 14-2 所示。

图 14-2　具有不同颜色的词云图

14.2　文本的情感分析

14.2.1　概述

情感分析(sentiment analysis)可以根据文章中的字词，了解文章的语气、情感。

在 MATLAB R2021a 中，进行情感分析使用的函数是 vaderSentimentScores。这个函数有一个词库，里面列出了一些带有情感的词，每个词有不同的情感分数。另外还有一些能改变情感分数的词，包括强化性词，如特别、非常、十分等；平稳化词，如不太、几乎不等；弱化性词，如不、完全不等。函数会根据一定的规则，统计这些词在文本中出现的次数等，最终给出整个文本的情感得分。分数范围在-1~1 之间，越接近 1，表明正面情感越强烈；越接近-1，表明负面情感越强烈；接近 0 表明为中性情感。

目前，这个函数只支持处理英文文本。

vaderSentimentScores 函数的调用方法如下：

```
compoundScores = vaderSentimentScores(documents)
```

其中，compoundScores 是文本的情感分数。

另一种调用方法如下：

```
[compoundScores, positiveScores, negativeScores, neutralScores] =
vaderSentimentScores(documents)
```

其中的 positiveScores, negativeScores, neutralScores 分别是文本中的正面得分、负面得分和中性得分的比例。

14.2.2　文本情感分析案例与 MATLAB 编程

例 1： 对下面的文本进行情感分析。

```
That movie is very interesting.
That movie is not very interesting.
That movie is interesting.
That movie is quite boring.
```

MATLAB 程序如下：

```
str = [" That movie is very interesting."
      " That movie is not very interesting."
      " That movie is interesting."
      " That movie is quite boring."];
documents = tokenizedDocument(str)
% 对文本进行预处理

[compoundScores, positiveScores, negativeScores, neutralScores] =
vaderSentimentScores(documents)
% 计算文本的情感分数
```

运行结果如下：

```
documents =
  4×1 tokenizedDocument:
    6 tokens: That movie is very interesting .
    7 tokens: That movie is not very interesting .
    5 tokens: That movie is interesting .
    6 tokens: That movie is quite boring .
compoundScores =
    0.4576
   -0.3559
    0.4019
   -0.3804
positiveScores =
    0.4280
         0
    0.4737
         0
negativeScores =
         0
    0.3311
         0
    0.3933
neutralScores =
    0.5720
    0.6689
    0.5263
    0.6067
```

绘制词云图，直观了解文本的情感。MATLAB 程序如下：

```
idx1 = compoundScores > 0;
idx2 = compoundScores < 0;
idx3 = compoundScores = = 0;

strPositive = str(idx1);
strNegative = str(idx2);
```

高等院校计算机教育系列教材

```
strNeutral = str(idx3);
figure(1)
wordcloud(strPositive);
figure(2)
wordcloud(strNegative);
figure(3)
wordcloud(strNeutral);
```

生成的词云图如图 14-3 所示。

(a) 正面情感　　　　　　　　　　　　(b) 负面情感

图 14-3　情感分析的词云图

中性情感图片为空白。

例 2: 对例 1 中的文本进行补充,观察情感得分是否有变化。

```
That movie is very interesting. I really like it.
That movie is not very interesting. I don't really like it.
That movie is interesting. I like it.
That movie is quite boring. I don't like it.
```

MATLAB 程序如下:

```
str = [" That movie is very interesting. I really like it. "
       " That movie is not very interesting. I don't really like it."
       " That movie is interesting. I like it."
       " That movie is quite boring. I don't like it."];
documents = tokenizedDocument(str)
% 对文本进行预处理
[compoundScores, positiveScores, negativeScores, neutralScores] =
vaderSentimentScores(documents)
% 计算文本的情感分数
```

运行结果如下:

```
documents =
  4×1 tokenizedDocument:
   11 tokens: That movie is very interesting . I really like it .
   13 tokens: That movie is not very interesting . I don't really like
it .
    9 tokens: That movie is interesting . I like it .
   11 tokens: That movie is quite boring . I don't like it .
compoundScores =
  0.7227
 -0.5861
  0.6369
```

```
     -0.6081
positiveScores =
   0.5021
        0
   0.5652
        0
negativeScores =
        0
   0.3751
        0
   0.4529
neutralScores =
   0.4979
   0.6249
   0.4348
   0.5471
```

绘制词云图，直观了解文本的情感。MATLAB 程序如下：

```
idx1 = compoundScores > 0;
idx2 = compoundScores < 0;
idx3 = compoundScores = = 0;

strPositive = str(idx1);
strNegative = str(idx2);
strNeutral = str(idx3);
figure(1)
wordcloud(strPositive);
figure(2)
wordcloud(strNegative);
figure(3)
wordcloud(strNeutral);
```

生成的词云图如图 14-4 所示。

(a) 正面情感　　　　　　　　(b) 负面情感

图 14-4　情感分析的词云图

中性情感图为空白。

高等院校计算机教育系列教材

14.3　机器识别汉字

读就是让机器(比如电脑)认字，知道每个字的含义。对汉字来说，典型的字体是印刷体宋体。

让电脑认字，可以模拟人类认字的机制——人类看到一个认识的字，头脑中会出现这个字对应的含义。对名词来说，头脑中会出现关于它的一幅图像，比如，看到"人"这个字，头脑中会出现人的外貌，看到"苹果"，头脑中会出现苹果的样子；对动词，头脑中经常会出现一幅或一系列图像；对其他一些词，有可能会产生一种感觉。

为了让电脑认识汉字，可以利用上述的机制。就是当电脑看到一个字时，它能产生对应的图像或感觉。

为了简化，本节只介绍让电脑认识名词的方法。整个方法分为以下三步。

(1) 汉字和它们对应的意义的数字化表征。汉字和它们对应的意义都是图像形式，而目前的电脑只能处理 0 和 1 这样的二进制数字，所以首先要对汉字和它们的意义进行数字化表征。常用的表征方法是用 0 和 1 表示它们。

(2) 进行数字化表征后，在汉字和它们的意义之间建立一个映射关系，输入电脑中，让电脑记住这个关系。

(3) 对电脑进行测试。向电脑输入汉字，看它是否能正确地输出汉字对应的意义，如果可以，就说明电脑具有了识别汉字、进行阅读的能力了。

下面我们用几个简单的例子说明这种方法。

14.3.1　汉字和意义的数字化表征

比如人、口、日、月、山，它们的字形如图 14-5 所示。

人　口　日　月　山

图 14-5　汉字的字形

它们对应的意义可以用图形表示出来，如图 14-6 所示。

图 14-6　汉字的意义

把上述图形进行二值化处理，即分别用 0 和 1 表示，这需要编程序实现。

在 MATLAB R2021a 中，imread 函数可以读取图像文件的像素值，其调用方法如下：

```
A = imread(filename)
```

比如，把汉字"人"用 0 和 1 表示，MATLAB 程序如下：

```matlab
A = imread('a1.jpg');
% 读取汉字"人"的图像 a1.jpg 的像素值
sizeA = size(A)
% 显示像素的规模，即行数和列数
figure(1)
image(A)
% 显示原图

I = rgb2gray(A);
% 把真彩色（RGB）图像转换为灰度图像
size(I)
figure(2)
image(I)
% 显示灰度图

B = imresize(I,[40,40])
% imresize 函数的作用是改变 imread 函数读取的像素的规模
size(B)
figure(3)
image(B)
% 显示改变像素规模后的灰度图

BW =
imbinarize(B,'adaptive','ForegroundPolarity','dark','Sensitivity',0.4)
% 使用自适应阈值将图像转换为二值图像,即只用 0 和 1 表示各个像素。使用
ForegroundPolarity 参数指示前景比背景暗
figure(4)
imshow(BW)
% 显示二值化后的图像
```

运行结果如下：

```
sizeA =
  208   173     3
ans =
  208   173
B =
  40×40 uint8 矩阵(具体数据太多, 此处只列出其中一部分)
   255   255   255   255   255   255   255   255   255   255   255   255   255
   255   255   255   111     0     0     0     0    82   255   255
   255   255   255   255   255   255   255   255   255   255   255   255   255
   255   255   119     0     0     0     2    18     1     0    48
   255   255   255   255   255   255   255   255   255   255   255   255   255
   255   242    39     0     0     0    18   153     7     0     0
   255   255   255   255   255   255   255   255   255   255   255   255   255
   255   149     0     0     0     0    88   255    64     0     0
```

```
   255    255    255    255    255    255      255    255    255    255    255    255    255
   231     33      0      0      0     13      208    255    174      0      0
   255    255    255    255    255    255      255    255    255    255    255    255    254
    92      0      0      1      0    136      255    255    254     77      0
   255    255    255    255    255    255      255    255    255    255    255    255    137
     0      0      0      0     88    251      255    255    255    211     19
   255    255    255    255    255    255      255    255    255    255    255    142      2
     0      0      0     79    244    255      255    255    255    255    154
   255    255    255    255    255    255      255    255    255    249    126      2      0
     0      0    100    244    255    255      255    255    255    255    255
   255    255    255    255    255    255      255    255    223     74      0      0      0
    15    147    254    255    255    255      255    255    255    255    255
   255    255    255    255    255    254      241    146     26      0      0      1     70
   209    255    255    255    255    255      255    255    255    255    255
   255    255    255    255    255    255      124      0      0      0     47    171    251
   255    255    255    255    255    255      255    255    255    255    255
   255    255    255    255    255    255      237     79     51    163    244
     0      0    124    253    255    255      255    255    255    255    255    255    255
   255    255    255
     0      0      0    102    245    255      254    255    255    255    255    255    255
   255    255    255
     0      0      0      0     60    212      255    255    255    255    255    255    255
   255    255    255
     0      0      0      0      0     20      143    246    255    255    255    255    255
   255    255    255
   110      0      0      0      0      0        0     55    173    243    255    255    255
   255    255    255
   248     86      0      0      0      0        0      0      7    153    255    255    255
   255    255    255

ans =

    40    40

BW =

  40×40 logical 数组(部分)

  列 1 至 36

   1   1   1   1   1   1   1   1   1   1   1   1   1   1   1   1   1   1   1   1
   1   1   1   1   1   1   1   1   1   1   1   1   1   1   1   1
   1   1   1   1   1   1   1   1   1   1   1   1   1   1   1   1   0   0   0   0
   0   0   1   1   1   1   1   1   1   1   1   1   1   1   1   1
   1   1   1   1   1   1   1   1   1   1   1   1   1   1   1   1   1   0   0   0
   0   0   1   1   1   1   1   1   1   1   1   1   1   1   1   1
   1   1   1   1   1   1   1   1   1   1   1   1   1   1   1   1   1   0   0   0
   0   0   1   1   1   1   1   1   1   1   1   1   1   1   1   1
   1   1   1   1   1   1   1   1   1   1   1   1   1   1   1   1   0   0   0   0
   0   0   1   1   1   1   1   1   1   1   1   1   1   1   1   1
   1   1   1   1   1   1   1   1   1   1   1   1   1   1   1   0   0   0   0   1
   1   0   0   0   0   0   1   1   1   1   1   1   1   1   1   1
```

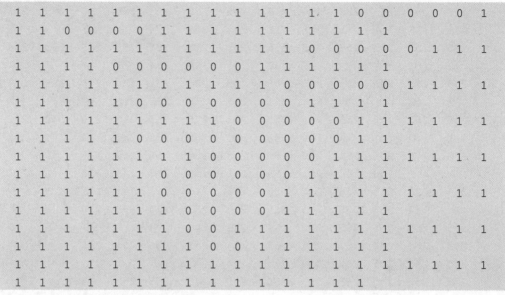

生成的不同格式的汉字图形如图 14-7 所示。

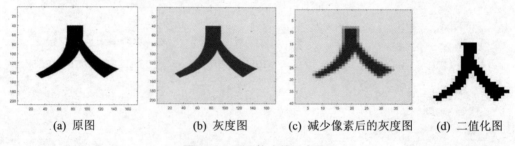

(a) 原图 (b) 灰度图 (c) 减少像素后的灰度图 (d) 二值化图

图 14-7　不同格式的汉字图形

按照相同的方法，也可以对汉字"人"代表的图形——人形图，进行 0 和 1 的数字化表征。运行结果如下：

```
B =
40×40 uint8 矩阵(部分数据)
255   255   255   255   255   255   255   255   255   255   255   255   255
255   255   230   145    73    36    20    19    30    59   122
255   255   255   255   255   255   255   255   255   255   255   255   255
255   165    25     0     0     0     0     0     0     0     0
255   255   255   255   255   255   255   255   255   255   255   255   255
255   255   240   166    94    53    35    34    47    80   144
255   255   255   255   255   255   246    33     0     0     0     0     0
  0     0     0     0     0     0     0     0     0     0     0
255   255   255   255   255   255   247    94    67    72    35     9    11
 11    11    11    12    10    46    72    70    72    42    10
255   255   255   255   255   255   255   255   255   255   100     0     2
  2     2     2     3     0   148   255   255   255   128     0
255   255   255   255   255   255   255   255   255   255    98     0     0
  0     0     0     1     0   146   255   255   255   127     0
```

255	255	255	255	255	255	255	255	255	255	97	0	1
1	1	2	2	0	146	255	255	255	127	0		
255	255	255	255	255	255	255	255	255	255	220	201	202
202	202	202	202	200	230	255	255	255	226	200		
8	121	250	255	255	255	255	255	255	255	255	255	255
255	255	255										
0	0	139	255	255	255	255	255	255	255	255	255	255
255	255	255										
0	0	74	255	255	255	255	255	255	255	255	255	255
255	255	255										
0	0	149	255	255	255	255	255	255	255	255	255	255
255	255	255										
16	137	253	255	255	255	255	255	255	255	255	255	255
255	255	255										
0	0	0	0	0	0	0	0	0	50	254	255	255
255	255	255										
0	0	0	0	0	0	0	0	0	50	254		

BW =

40×40 logical 数组(部分)

```
1 1 1 1 1 1 1 1 1 1 1 1 1 1 1 1 1 1
1 1 1 1 1 1 1 1 1 1 1 1 1 1 1
1 1 1 1 1 1 1 1 1 1 1 1 1 1 1 1 1 1
1 1 1 1 1 1 1 1 1 1 1 1 1 1 1
1 1 1 1 1 1 1 1 1 1 1 1 1 1 0 0 0
0 0 0 1 1 1 1 1 1 1 1 1 1 1 1
1 1 1 1 1 1 1 1 1 1 1 1 1 1 0 0 0 0
0 0 0 0 0 1 1 1 1 1 1 1 1 1 1
1 1 1 1 1 1 1 1 1 1 1 1 1 0 0 0 0 0
0 0 0 0 0 0 0 1 1 1 1 1 1 1 1
1 1 1 1 1 1 1 1 1 1 1 1 1 0 0 0 0 0
0 0 0 0 0 0 1 1 1 1 1 1 1 1 1
1 1 1 1 1 1 1 1 1 1 1 1 1 0 0 0 0 0
0 0 0 0 0 1 1 1 1 1 1 1 1 1 1
1 1 1 1 1 1 1 1 1 1 1 1 1 1 1 1 1 0
0 0 1 1 1 1 1 1 1 1 1 1 1 1 1
1 1 1 1 1 1 1 1 1 1 1 1 1 1 1 1 1 1
1 1 1 1 1 1 1 1 1 1 1 1 1 1 1
1 1 1 1 1 1 0 0 0 0 0 0 0 0 0 0 0 0
0 0 0 0 0 0 0 0 0 0 0 0 1 1
1 1 1 1 1 1 0 0 0 0 0 0 0 0 0 0 0 0
0 0 0 0 0 0 0 0 0 0 0 1 1
1 1 1 1 1 1 0 0 1 0 0 1 1 1 1 0 0 0 1
0 1 0 0 1 1 1 1 1 0 0 1 0 0 1
1 1 1 1 1 1 1 1 1 1 1 0 0 1 0 0 0 0 1 1
1 1 1 0 0 0 0 1 0 0 1 1 1 1 1 1
1 1 1 1 1 1 1 1 1 0 0 0 0 0 0 0 0 1 1
1 1 0 0 0 0 0 0 0 0 0 1 1 1 1 1
```

生成的不同格式的人形图如图 14-8 所示。

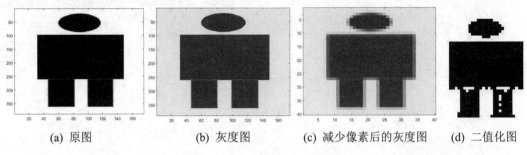

(a) 原图   (b) 灰度图   (c) 减少像素后的灰度图   (d) 二值化图

图 14-8　不同格式的人形图

其他汉字和其对应意义的数字化表征结果，读者可以自己运行程序得到。

14.3.2　建立映射关系

在汉字和其对应的意义间建立映射关系，并让电脑记住这个关系。在 MATLAB R2021a 中，可以用人工神经网络等实现。

建立人工神经网络模型，对它进行训练，让它学习认识汉字人、口、日、月、山及各自的意义。MATLAB 程序如下：

```
x = [     ];
% 分别输入汉字人、口、日、月、山字形图片的数字化表征结果
x = x';
t = [     ];
% 分别输入人、口、日、月、山的含义图片的数字化表征结果
net = patternnet(20)
% 构建人工神经网络模型
net = train(net,x,t)
% 对人工神经网络模型进行训练
A = imread('a1.jpg');
% 向电脑展示某个字的图片，比如图 14-9 中的"人"
% 测试它是否认识
xnew = [     ];
% 用前面的程序对图片进行数字化表征，把结果输入变量 xnew 中
tnew = net(xnew)
% 网络模型输出识别结果，这个结果是二进制数字形式
```

图 14-9　测试用的图片

14.3.3　转化数字形式的结果为图片

在 14.3.2 小节中，人工神经网络模型输出的识别结果是二进制数字形式，我们很难看

出这个结果是否正确，所以需要把数字形式的结果转化为图像形式，这样就能容易看出人工神经网络模型或电脑是否认识输入的汉字。

在 MATLAB R2021a 中，把数字形式的结果转化为图像使用的函数是 imwrite。其调用方法如下：

```
imwrite(A,filename)
```

其中，A 是图像的数据，filename 是图像文件的名称，需要注意的是，图像文件的名称后面要写上扩展名，即图像的格式，如.jpg，.png 等。

比如，根据人形图的二进制数据，把它转化为图像。

MATLAB 程序如下：

```
A1 = [
1 1 1 1 1 1 1 1 1 1 1 1 1 1 1 1 1 1 1 1
1 1 1 1 1 1 1 1 1 1 1 1 1 1 1 1 1
1 1 1 1 1 1 1 1 1 1 1 1 1 1 1 1 1 1 1 1
1 1 1 1 1 1 1 1 1 1 1 1 1 1 1 1
1 1 1 1 1 1 1 1 1 1 1 1 1 1 1 1 0 0 0 0
0 0 0 1 1 1 1 1 1 1 1 1 1 1 1 1 1
1 1 1 1 1 1 1 1 1 1 1 1 1 1 0 0 0 0 0 0
0 0 0 0 0 1 1 1 1 1 1 1 1 1 1 1 1
1 1 1 1 1 1 1 1 1 1 1 1 0 0 0 0 0 0 0 0
0 0 0 0 0 0 0 1 1 1 1 1 1 1 1 1 1
1 1 1 1 1 1 1 1 1 1 1 0 0 0 0 0 0 0 0 0
0 0 0 0 0 0 0 1 1 1 1 1 1 1 1 1 1
1 1 1 1 1 1 1 1 1 1 0 0 0 0 0 0 0 0 0 0
0 0 0 0 0 0 1 1 1 1 1 1 1 1 1 1 1
1 1 1 1 1 1 1 1 1 1 1 1 1 1 1 1 1 1 1 0
0 0 1 1 1 1 1 1 1 1 1 1 1 1 1 1 1
1 1 1 1 1 1 1 1 1 1 1 1 1 1 1 1 1 1 1 1
1 1 1 1 1 1 1 1 1 1 1 1 1 1 1 1 1
1 1 1 1 1 1 1 1 1 0 0 0 0 0 0 0 0 0 0 0
0 0 0 0 0 0 0 0 0 0 0 0 0 0 0 0 1 1
1 1 1 1 1 1 1 0 0 0 0 0 0 0 0 0 0 0 0 0
0 0 0 0 0 0 0 0 0 0 0 0 0 0 0 0 1 1
1 1 1 1 1 1 1 0 0 0 0 0 0 0 0 0 0 0 0 0
0 0 0 0 0 0 0 0 0 0 0 0 0 0 0 0 1 1
1 1 1 1 1 1 1 0 0 0 0 0 0 0 0 0 0 0 0 0
0 0 0 0 0 0 0 0 0 0 0 0 0 0 0 0 1 1
1 1 1 1 1 1 1 0 0 0 0 0 0 0 0 0 0 0 0 0
0 0 0 0 0 0 0 0 0 0 0 0 0 0 0 0 1 1
1 1 1 1 1 1 1 0 0 0 0 0 0 0 0 0 0 0 0 0
0 0 0 0 0 0 0 0 0 0 0 0 0 0 0 0 1 1
1 1 1 1 1 1 1 0 0 0 0 0 0 0 0 0 0 0 0 0
0 0 0 0 0 0 0 0 0 0 0 0 0 0 0 0 1 1
```

```
    1  1  1  1  1  1  1  0  0  0  0  0  0  0  0  0  0  0  0  0
    0  0  0  0  0  0  0  0  0  0  0  0  0  0  1  1
    1  1  1  1  1  1  1  0  0  0  0  0  0  0  0  0  0  0  0  0
    0  0  0  0  0  0  0  0  0  0  0  0  0  0  1  1
    1  1  1  1  1  1  1  0  0  0  0  0  0  0  0  0  0  0  0  0
    0  0  0  0  0  0  0  0  0  0  0  0  0  0  1  1
    1  1  1  1  1  1  1  0  0  0  0  0  0  0  0  0  0  0  0  0
    0  0  0  0  0  0  0  0  0  0  0  0  0  0  1  1
    1  1  1  1  1  1  1  0  0  0  0  0  0  0  0  0  0  0  0  0
    0  0  0  0  0  0  0  0  0  0  0  0  0  0  1  1
    1  1  1  1  1  1  1  0  0  0  0  0  0  0  0  0  0  0  0  0
    0  0  0  0  0  0  0  0  0  0  0  0  0  0  1  1
    1  1  1  1  1  1  1  0  0  0  0  0  0  0  0  0  0  0  0  0
    0  0  0  0  0  0  0  0  0  0  0  0  0  0  1  1
    1  1  1  1  1  1  1  0  0  0  0  0  0  0  0  0  0  0  0  0
    0  0  0  0  0  0  0  0  0  0  0  0  0  0  1  1
    1  1  1  1  1  1  1  0  0  1  0  0  1  1  1  1  0  0  0  1
    0  1  0  0  1  1  1  1  0  0  1  0  0  1  1
    1  1  1  1  1  1  1  1  1  1  0  0  1  0  0  0  0  0  1  1
    1  1  1  0  0  0  0  1  0  0  1  1  1  1  1  1
    1  1  1  1  1  1  1  1  1  1  0  0  0  0  0  0  0  0  1  1
    1  1  1  0  0  0  0  0  0  0  1  1  1  1  1  1
    1  1  1  1  1  1  1  1  1  1  0  0  0  0  0  0  0  0  1  1
    1  1  1  0  0  0  0  0  0  0  1  1  1  1  1  1
    1  1  1  1  1  1  1  1  1  1  0  0  0  0  0  0  0  0  1  1
    1  1  1  0  0  0  0  0  0  0  1  1  1  1  1  1
    1  1  1  1  1  1  1  1  1  1  0  0  0  0  0  0  0  0  1  1
    1  1  1  0  0  1  0  0  0  0  1  1  1  1  1  1
    1  1  1  1  1  1  1  1  1  1  0  0  0  0  0  0  0  0  1  1
    1  1  1  0  0  0  0  0  0  0  1  1  1  1  1  1
    1  1  1  1  1  1  1  1  1  1  0  0  0  0  0  0  0  0  1  1
    1  1  0  0  0  0  0  0  0  0  0  1  1  1  1  1
    1  1  1  1  1  1  1  1  1  1  1  1  1  1  1  1  1  1  1  1
    1  1  1  1  1  1  1  1  1  1  1  1  1  1  1  1
    1  1  1  1  1  1  1  1  1  1  1  1  1  1  1  1  1  1  1  1
    1  1  1  1  1  1  1  1  1  1  1  1  1  1  1  1
    1  1  1  1  1  1  1  1  1  1  1  1  1  1  1  1  1  1  1  1
    1  1  1  1  1  1  1  1  1  1  1  1  1  1  1  1
];
```

```
A2 = [1   1   1   1
      1   1   1   1
      1   1   1   1
      1   1   1   1
      1   1   1   1
      1   1   1   1
      1   1   1   1
      1   1   1   1
      1   1   1   1
      1   1   1   1
      1   1   1   1
      1   1   1   1
      1   1   1   1
      1   1   1   1
      1   1   1   1
      1   1   1   1
      1   1   1   1
      1   1   1   1
      1   1   1   1
      1   1   1   1
      1   1   1   1
      1   1   1   1
      1   1   1   1
      1   1   1   1
      1   1   1   1
      1   1   1   1
      1   1   1   1
      1   1   1   1
      1   1   1   1
      1   1   1   1
      1   1   1   1
      1   1   1   1
      1   1   1   1
      1   1   1   1
      1   1   1   1
      ];
A = [A1 A2];

imwrite(A,'myGray.jpg')

B = imread('myGray.jpg');
% 读取图像的像素值
image(B)
% 显示原图
```

运行结果如图 14-10 所示。

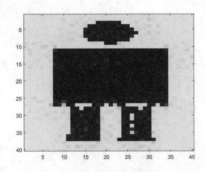

图 14-10　根据二进制数据转化的图像

　　这张图片表示：人工神经网络模型认为，让它"看"的那个字"人"表示的是这张图片显示的意思，这就说明，人工神经网络模型或电脑认识"人"这个字。

　　听和读的原理类似：人们说话时，不同的字会产生不同的声波，研究者把不同的字产生的声波用数字表示，就和上面介绍的用数字表示字形的原理一样，在本书中就不再介绍，感兴趣的读者自行尝试。

第 15 章

机 器 写 作

2023 年上半年，ChatGPT 的出现引起了一场轰动效应，它有多种神奇的功能，其中一项很突出、引人注意的是写作能力，它可以帮助人们写很多文件，如各种总结、感谢信、辞职信等。有人预计，未来有可能出现机器作家、机器诗人。在本章中，将对机器写作进行介绍。

15.1 基于记忆原理的机器写作

实现基于记忆原理的机器写作包括下面的步骤。

15.1.1 字词的数字化表征

人们平时会学习很多字词，并逐渐积累、记住。由于电脑只能处理数字信号，所以，为了让它具有记忆能力，需要首先对这些字词进行数字化表征。

人的大脑在记忆字词时，经常会对它们进行一些预处理，比如进行分类，这样做可以扩大记忆容量，并且使记忆更加牢固。

分类方法比较多，其中常用的一种是根据字词的词性。比如，名词是一类，动词是一类，形容词是一类。

在这里，对每个字词，我们用一个四位数进行表征，因为平时我们经常使用的汉语词汇大概是几千个。对不同类的词，如名词、动词、形容词，第一位数字互不相同。比如，名词的第一位数字用 1 表示，动词的第一位数字用 2 表示，形容词的第一位数字用 3 表示，副词的第一位数字用 4 表示。这样，它们的具体表征方法如下。

1. 名词的表征

小鸟　1001

小猫　1002

小熊　1003

花朵　1004

……

2. 动词的表征

微笑 2001

唱歌 2002

点头 2003

跑步 2004

......

3. 副词的表征

快乐地 4001

轻轻地 4002

缓慢地 4003

优美地 4004

......

15.1.2　记忆字词

对字词进行数字化表征后，要让电脑把二者间的对应关系记忆下来，这实际上模拟了人脑的记忆功能。这可以通过 MATLAB 中的 map 函数实现，map 表示映射关系。MATLAB 程序如下：

```
map_writer = containers.Map()
map_writer('小鸟') = 1001
map_writer('小猫') = 1002
map_writer('小熊') = 1003
map_writer('花朵') = 1004
% 名词
map_writer('微笑') = 2001
map_writer('唱歌') = 2002
map_writer('点头') = 2003
map_writer('跑步') = 2004
% 动词
map_writer('快乐地') = 4001
map_writer('轻轻地') = 4002
map_writer('缓慢地') = 4003
map_writer('优美地') = 4004
% 副词
keys(map_writer)
values(map_writer)
```

运行结果如下：

```
map_writer =
  Map - 属性:
      Count: 12
    KeyType: char
  ValueType: any
```

```
ans =
 1×12 cell 数组
  列 1 至 11
   {'优美地'}   {'唱歌'}   {'小熊'}   {'小猫'}   {'小鸟'}   {'微笑'}   {'快
乐地'}   {'点头'}   {'缓慢地'}   {'花朵'}   {'跑步'}
  列 12
   {'轻轻地'}
ans =
 1×12 cell 数组
   {[4004]}   {[2002]}   {[1003]}   {[1002]}   {[1001]}   {[2001]}
   {[4001]}   {[2003]}   {[4003]}   {[1004]}   {[2004]}   {[4002]}
```

15.1.3　回忆字词

人类在写作时，实际上是把大脑中记忆的字词回忆出来。这包括以下三方面的内容。

(1) 语法知识。人们平时会学会很多语法知识，包括语句的结构、字词的顺序。比如，在肯定句中，一般先写主语，然后写谓语，最后写宾语。主语和宾语前面经常有定语，谓语前面经常有状语。

(2) 词性。比如，主语和宾语一般是名词，谓语一般是动词，状语一般是副词，定语一般是形容词。

(3) 哪些词更容易回忆起来。我们每个人的大脑中都记忆了大量信息，记忆的字词的数量也很多，但是，每个人对不同字词的印象并不一样，有的印象深，就容易回忆起来，有的印象浅，就不容易回忆起来。因此，在写作时，有的字词使用频率高，有的字词使用频率低。

机器写作实际上就是模拟人脑的回忆功能。要实现这一点，需要使用 MATLAB R2021a 中的一个函数：randsrc。它的作用是按一定的概率随机地生成特定的数据。概率实际上就相当于上面提到的我们对字词的印象：印象深的字词，就容易回忆起来，出现的频率就高；印象不深的字词，不容易回忆起来，出现的频率低。

randsrc 函数的调用方法如下：

```
out = randsrc(m,n,[alphabet; prob])
```

其中，out 是生成的结果；m 和 n 是生成的数据的规模，即矩阵的行和列的数量；alphabet 是数据库，相当于我们的大脑储存的各种信息；prob 是概率值，它由用户设置。alphabet 和 prob 是一一对应关系，即 alphabet 里的每个元素都有一个对应的概率值。

从对 randsrc 函数的介绍中可以看出，它的功能和人脑的回忆功能很相似。

下面通过两个简单的例子，了解 randsrc 函数的用法和功能。

例 1：从 1、2、3、4、5 中随机产生一个数，每个数出现的概率都是 20%，即 0.2。

MATLAB 程序如下：

```
a = randsrc(1, 1, ...
   [1 2 3 4 5; ...
   0.2 0.2 0.2 0.2 0.2])
% 产生一个 1×1 的矩阵，即 m = 1, n = 1，这就是生成一个数字
```

```
% 数据的来源是 1、2、3、4、5 五个数据
% 每个数出现的概率都是 20%，即 0.2
```

运行多次，结果分别如下：

```
a =
    5
a =
    5
a =
    1
a =
    5
a =
    4
a =
    1
a =
    2
a =
    3
a =
    5
```

为了节省时间，可以把 n 设置为较大的数值，这样每次运行可以批量生成多个数据。程序改为：

```
a = randsrc(1, 10, ...
    [1 2 3 4 5; ...
    0.2 0.2 0.2 0.2 0.2])
```

运行一次，结果如下：

```
a =
    5    1    5    5    3    5    1    3    5    4
```

再运行一次，结果如下：

```
a =
    5    4    1    5    5    4    4    4    2    4
```

例 2：从 1、2、3、4、5 中随机产生一个数，其中，1 出现的概率是 60%，2、3、4、5 出现的概率各为 10%。

MATLAB 程序如下：

```
a = randsrc(1, 10, ...
    [1 2 3 4 5; ...
    0.6 0.1 0.1 0.1 0.1])
% 1 出现的概率是 60%，2、3、4、5 出现的概率各为 10%
```

运行结果如下:

```
a =
    1   3   1   1   1   1   4   2   1   5
```

再运行一次,结果如下:

```
a =
    1   1   1   3   3   1   1   1   2   3
```

15.1.4 机器写作

机器(电脑)具有记忆和回忆功能后,就可以进行写作了。下面是一个简单的实现机器写作的例子。

(1) 学习知识,并记忆在大脑中。MATLAB 程序如下:

```
map_writer = containers.Map()
map_writer('小鸟') = 1001
map_writer('小猫') = 1002
map_writer('小熊') = 1003
map_writer('花朵') = 1004

map_writer('微笑') = 2001
map_writer('唱歌') = 2002
map_writer('点头') = 2003
map_writer('跑步') = 2004

map_writer('快乐地') = 4001
map_writer('轻轻地') = 4002
map_writer('缓慢地') = 4003
map_writer('优美地') = 4004
```

(2) 开始写作,先回忆主语。MATLAB 程序如下:

```
 a1 = randsrc(1,1, ...
   [1001 1002 1003 1004; ...
   0.25  0.25  0.25  0.25])
```

运行结果如下:

```
a1 =
     1004
```

(3) 回忆谓语。MATLAB 程序如下:

```
a2 = randsrc(1,1, ...
   [2001 2002 2003 2004; ...
   0.25  0.25  0.25  0.25])
```

运行结果如下:

```
a2 =
     2002
```

(4) 回忆状语。MATLAB 程序如下：

```
a3 = randsrc(1,1, ...
   [4001 4002 4003 4004; ...
    0.25  0.25  0.25  0.25])
```

运行结果如下：

```
a3 =
     4003
```

(5) 把回忆出来的字词组合起来。MATLAB 程序如下：

```
a1 = [1004];
a2 = [2002];
a3 = [4003];
b = [a1   a3   a2]
```

运行结果如下：

```
b =
     1004      4003      2002
```

(6) 从记忆中回想这些数字代表的含义。MATLAB 程序如下：

```
map_writer2 = containers.Map()
map_writer2('1001') = '小鸟'
map_writer2('1002') = '小猫'
map_writer2('1003') = '小熊'
map_writer2('1004') = '花朵'

map_writer2('2001') = '微笑'
map_writer2('2002') = '唱歌'
map_writer2('2003') = '点头'
map_writer2('2004') = '跑步'

map_writer2('4001') = '快乐地'
map_writer2('4002') = '轻轻地'
map_writer2('4003') = '缓慢地'
map_writer2('4004') = '优美地'

map_writer2('1004')
map_writer2('4003')
map_writer2('2002')
```

运行结果如下：

```
ans =
    '花朵'
ans =
    '缓慢地'
ans =
    '唱歌'
```

高等院校计算机教育系列教材

(7)　把上述的字词连接起来，得到最终的结果。MATLAB 程序如下：

```
a =     '花朵'
b =     '缓慢地'
c =     '唱歌'
str = [a b c];
str
% 把各个子字符串拼接成一个字符串
```

运行结果如下：

```
str =
    '花朵缓慢地唱歌'
```

以上运行结果就是电脑写作的富有创意的只有一句话的短文！

15.2　基于深度学习的机器写作

也可以用深度学习实现机器写作。其中一种方法是用 LSTM 模型进行时序预测。具体操作步骤如下。

15.2.1　搜集训练样本

比如：孙悟空大闹天宫

猪八戒高老庄娶亲

刘备三请诸葛亮

鲁智深拳打镇关西

15.2.2　训练样本的数字化表征

孙悟空　1001

猪八戒　1002

刘备　　1003

鲁智深　1004

大闹　　2001

高老庄　2002

三请　　2003

拳打　　2004

天宫　　3001

娶亲　　3002

诸葛亮　3003

镇关西　3004

15.2.3 记忆字词

对字词进行数字化表征后，要让 LSTM 模型把二者间的对应关系记忆下来。用 MATLAB 中的 map 函数实现，程序如下：

```
map_writer = containers.Map()
map_writer('孙悟空') = 1001
map_writer('猪八戒') = 1002
map_writer('刘备') = 1003
map_writer('鲁智深') = 1004

map_writer('大闹') = 2001
map_writer('高老庄') = 2002
map_writer('三请') = 2003
map_writer('拳打') = 2004

map_writer('天宫') = 3001
map_writer('娶亲') = 3002
map_writer('诸葛亮') = 3003
map_writer('镇关西') = 3004
keys(map_writer)
values(map_writer)
```

运行结果如下：

```
ans =
  1×12 cell 数组
    {'三请'}   {'刘备'}   {'大闹'}   {'天宫'}   {'娶亲'}   {'孙悟空'}   {'拳打'}
    {'猪八戒'}   {'诸葛亮'}   {'镇关西'}   {'高老庄'}   {'鲁智深'}
ans =
  1×12 cell 数组
    {[2003]}   {[1003]}   {[2001]}   {[3001]}   {[3002]}   {[1001]}
    {[2004]}   {[1002]}   {[3003]}   {[3004]}   {[2002]}   {[1004]}
```

15.2.4 回忆和写作

MATLAB 程序如下：

```
a = [1001 2001 3001 00 ...
     1002  2002  3002 00 ...
     1003  2003  3003 00 ...
     1004  2004  3004 00];
% 00 代表标点符号，句号
XTrain = a(1:end-1);
YTrain = a(2:end);

numFeatures = 1;
numResponses = 1;
```

高等院校计算机教育系列教材

```
numHiddenUnits = 200;
layers = [...
    sequenceInputLayer(numFeatures)
    lstmLayer(numHiddenUnits)
    fullyConnectedLayer(numResponses)
    regressionLayer];

options = trainingOptions('adam', ...
    'MaxEpochs',250, ...
    'GradientThreshold',1, ...
    'InitialLearnRate',0.005, ...
    'LearnRateSchedule','piecewise', ...
    'LearnRateDropPeriod',125, ...
    'LearnRateDropFactor',0.2, ...
    'Verbose',0, ...
    'Plots','training-progress');

net = trainNetwork(XTrain,YTrain,layers,options);
net = predictAndUpdateState(net,XTrain);
[net,YPred] = predictAndUpdateState(net,YTrain(end))
```

运行结果如下：

```
net =
  SeriesNetwork - 属性:
        Layers: [4×1 nnet.cnn.layer.Layer]
    InputNames: {'sequenceinput'}
   OutputNames: {'regressionoutput'}
YPred =
  single
  165.1013
```

把生成的值加入训练样本中，再次运行，重复几次得到的结果分别如下：

```
167.9006   165.2608   160.8334
```

15.2.5　改变数字化表征方法

从上面的运行结果可以看出，LSTM 模型输出的数据都是小数，而且和训练样本中的数据差距很大，从而很难明白输出数据的意思。造成这种情况的原因有两个：一是我们使用的训练样本的数量太少；二是我们使用的数字化表征方法不合适——数字的范围太大。所以需要对表征方法进行改变，可以改用两位数进行表征。比如：

```
11 孙悟空
12 猪八戒
13 刘备
14 鲁智深

21 大闹
```

```
22 高老庄
23 三请
24 拳打

31 天宫
32 娶亲
33 诸葛亮
34 镇关西
```

将实现 LSTM 记忆的程序也进行相应的修改:

```
map_writer = containers.Map()
map_writer('孙悟空') = 11
map_writer('猪八戒') = 12
map_writer('刘备') = 13
map_writer('鲁智深') = 14

map_writer('大闹') = 21
map_writer('高老庄') = 22
map_writer('三请') = 23
map_writer('拳打') = 24

map_writer('天宫') = 31
map_writer('娶亲') = 32
map_writer('诸葛亮') = 33
map_writer('镇关西') = 34
keys(map_writer)
values(map_writer)
```

运行结果如下:

```
ans =
  1×12 cell 数组
    {'三请'}    {'刘备'}    {'大闹'}    {'天宫'}    {'娶亲'}    {'孙悟空'}    {'拳打'}
    {'猪八戒'}    {'诸葛亮'}    {'镇关西'}    {'高老庄'}    {'鲁智深'}
ans =
  1×12 cell 数组
    {[23]}    {[13]}    {[21]}    {[31]}    {[32]}    {[11]}    {[24]}
    {[12]}    {[33]}    {[34]}    {[22]}    {[14]}
```

15.2.6　LSTM 模型写作程序的修改

15.2.4 小节的程序中,由于默认的输出结果是小数形式,所以无法和数字化表征的结果对应,因此可以把训练样本和输出结果的数据类型改为整数型,使用的函数是 uint8。

将实现 LSTM 模型写作的程序改为:

```
a = [11  21  31  00 ...
     12  22  32  00 ...
     13  23  33  00 ...
     14  24  34  00];
```

```
a = uint8(a);
% 把训练样本数据改为整数型
XTrain = a(1:end-1);
YTrain = a(2:end);

numFeatures = 1;
numResponses = 1;
numHiddenUnits = 200;
layers = [...
    sequenceInputLayer(numFeatures)
    lstmLayer(numHiddenUnits)
    fullyConnectedLayer(numResponses)
    regressionLayer];

options = trainingOptions('adam', ...
    'MaxEpochs',250, ...
    'GradientThreshold',1, ...
    'InitialLearnRate',0.005, ...
    'LearnRateSchedule','piecewise', ...
    'LearnRateDropPeriod',125, ...
    'LearnRateDropFactor',0.2, ...
    'Verbose',0, ...
    'Plots','training-progress');

net = trainNetwork(XTrain,YTrain,layers,options);
net = predictAndUpdateState(net,XTrain);
[net,YPred] = predictAndUpdateState(net,YTrain(end))
YPred = uint8(YPred)
% 把输出数据改为整数型
```

运行结果如下:

```
YPred =
  uint8
  15
```

把它加入训练样本中,预测下一个词。运行结果如下:

```
YPred =
  uint8
  25
```

再把它加入训练样本中,预测下一个词。反复进行这个过程,运行结果分别如下:

```
34  0   15  25  34  0
```

从运行结果可以看出,输出的数据全为整数,但是 15、25 仍旧超出了数字化表征的范围,导致程序无法识别。这就需要进一步考虑影响 LSTM 模型输出结果的因素,对机器写作程序进行相应的修改。

15.3　影响 LSTM 模型写作质量的因素

从上面的结果可以看出，LSTM 模型的输出结果非常接近最后面的训练样本(14、24)。造成这种情况的原因有多种，包括训练样本的排列顺序、训练样本的频率、LSTM 模型的训练参数等。下面对其中几个因素进行分析和讨论。

15.3.1　训练样本的次序

在 15.2.6 小节的 LSTM 模型进行写作的训练程序中，训练样本的编码和排列的顺序很规则：

```
a = [11  21  31  00 ...
     12  22  32  00 ...
     13  23  33  00 ...
     14  24  34  00];
```

这容易使 LSTM 模型在训练时出现过拟合现象，从而得到 15、25 这样的结果。为了改变这种情况，可以打乱样本的顺序，然后对 LSTM 模型进行训练，并观察预测结果。比如，程序改为：

```
a = [11  21  31  00 ...
     13  23  33  00 ...
     14  24  34  00 ...
     12  22  32  00 ...];
% 打乱训练样本的顺序
a = uint8(a);
XTrain = a(1:end-1);
YTrain = a(2:end);

numFeatures = 1;
numResponses = 1;
numHiddenUnits = 200;
layers = [...
    sequenceInputLayer(numFeatures)
    lstmLayer(numHiddenUnits)
    fullyConnectedLayer(numResponses)
    regressionLayer];

options = trainingOptions('adam', ...
    'MaxEpochs',250, ...
    'GradientThreshold',1, ...
    'InitialLearnRate',0.005, ...
    'LearnRateSchedule','piecewise', ...
    'LearnRateDropPeriod',125, ...
    'LearnRateDropFactor',0.2, ...
    'Verbose',0, ...
```

```
    'Plots','training-progress');

net = trainNetwork(XTrain,YTrain,layers,options);
net = predictAndUpdateState(net,XTrain);
[net,YPred] = predictAndUpdateState(net,YTrain(end))
YPred = uint8(YPred)
```

得到第一个预测结果后，把它加入训练样本中，再预测下一个结果；反复进行这个过程，得到多个结果，依次为：

```
13   23   33   0   13    23   33    0
```

可以看到，预测结果完全处于数字化表征的范围中。

这样，LSTM 模型就可以正确地回忆出这些结果代表的含义了。MATLAB 程序如下：

```
map_writer2 = containers.Map()
map_writer2('11') = '孙悟空'
map_writer2('12') = '猪八戒'
map_writer2('13') = '刘备'
map_writer2('14') = '鲁智深'

map_writer2('21') = '大闹'
map_writer2('22') = '高老庄'
map_writer2('23') = '三请'
map_writer2('24') = '拳打'

map_writer2('31') = '天宫'
map_writer2('32') = '娶亲'
map_writer2('33') = '诸葛亮'
map_writer2('34') = '镇关西'

map_writer2('13')
map_writer2('23')
map_writer2('33')
```

运行结果如下：

```
ans =
    '刘备'
ans =
    '三请'
ans =
    '诸葛亮'
```

把上述的字词连接起来，得到最终的结果。MATLAB 程序如下：

```
a = '刘备'
b = '三请'
c = '诸葛亮'
str = [a b c];
str
```

```
% 把各个子字符串拼接成一个字符串
```

运行结果如下：

```
str =
    '刘备三请诸葛亮。刘备三请诸葛亮。'
```

以上运行结果就是 LSTM 模型写作的只有两句话的短文。

15.3.2　训练样本的频率

在训练样本中，每个具体样本的出现频率或次数对 LSTM 模型的输出结果也有影响。因为样本的频率代表它们给 LSTM 模型留下的印象：某个样本的频率越高，它给 LSTM 模型留下的印象就越深，LSTM 模型就越容易回忆起它。这和我们人脑回忆的情况很相似。为了验证这一点，可以把训练样本进行修改，比如，让 11、21、31 的频率为 3/4，13、23、33 的频率为 1/4。程序改为：

```
a = [11  21  31  00 ...
     13  23  33  00 ...
     11  21  31  00 ...
     11  21  31  00 ...
     ];
a = uint8(a);
XTrain = a(1:end-1);
YTrain = a(2:end);

numFeatures = 1;
numResponses = 1;
numHiddenUnits = 200;
layers = [...
    sequenceInputLayer(numFeatures)
    lstmLayer(numHiddenUnits)
    fullyConnectedLayer(numResponses)
    regressionLayer];

options = trainingOptions('adam', ...
    'MaxEpochs',250, ...
    'GradientThreshold',1, ...
    'InitialLearnRate',0.005, ...
    'LearnRateSchedule','piecewise', ...
    'LearnRateDropPeriod',125, ...
    'LearnRateDropFactor',0.2, ...
    'Verbose',0, ...
    'Plots','training-progress');

net = trainNetwork(XTrain,YTrain,layers,options);
net = predictAndUpdateState(net,XTrain);
[net,YPred] = predictAndUpdateState(net,YTrain(end))
YPred = uint8(YPred)
```

运行结果依次为:

```
11  21   31  0  11   21  31   0
```

可以看到,LSTM 模型的输出果然改变了,意思是:

```
'孙悟空大闹天宫。孙悟空大闹天宫。'
```

15.3.3　LSTM 模型的训练次数

LSTM 模型的训练次数对输出结果也有影响。比如,在 15.3.1 小节的程序中,训练次数是 250 次,现在把它改为 5000 次。也就是把 MaxEpochs 修改为 5000。MATLAB 程序如下:

```
a = [11 21 31 00 ...
    13  23  33 00 ...
    14  24  34 00 ...
    12  22  32 00 ... ];
a = uint8(a);
XTrain = a(1:end-1);
YTrain = a(2:end);

numFeatures = 1;
numResponses = 1;
numHiddenUnits = 200;
layers = [...
    sequenceInputLayer(numFeatures)
    lstmLayer(numHiddenUnits)
    fullyConnectedLayer(numResponses)
    regressionLayer];

options = trainingOptions('adam', ...
    'MaxEpochs',5000, ...
    'GradientThreshold',1, ...
    'InitialLearnRate',0.005, ...
    'LearnRateSchedule','piecewise', ...
    'LearnRateDropPeriod',125, ...
    'LearnRateDropFactor',0.2, ...
    'Verbose',0, ...
    'Plots','training-progress');

net = trainNetwork(XTrain,YTrain,layers,options);
net = predictAndUpdateState(net,XTrain);
[net,YPred] = predictAndUpdateState(net,YTrain(end))
YPred = uint8(YPred)
```

运行结果依次为:

```
14   24  34  0  12  22  32  0
```

可以看到,LSTM 模型的输出结果确实发生了变化,连续输出的两句话不再重复,生成的两句话的短文为:

'鲁智深拳打镇关西。猪八戒高老庄娶亲。'

15.3.4　数字化表征方法和训练次数的耦合影响

最后，我们探讨数字化表征方法和训练次数对 LSTM 模型输出结果的耦合影响，观察是否能只通过增加训练次数而不改变数字化表征方法，让 LSTM 模型输出合理的结果。

MATLAB 程序如下：

```
a = [1001  2001  3001  00 ...
     1002  2002  3002  00 ...
     1003  2003  3003  00 ...
     1004  2004  3004  00];
a = uint8(a);
XTrain = a(1:end-1) ;
YTrain = a(2:end) ;

numFeatures = 1;
numResponses = 1;
numHiddenUnits = 200;
layers = [...
    sequenceInputLayer(numFeatures)
    lstmLayer(numHiddenUnits)
    fullyConnectedLayer(numResponses)
    regressionLayer];

options = trainingOptions('adam', ...
    'MaxEpochs',5000, ...
    'GradientThreshold',1, ...
    'InitialLearnRate',0.005, ...
    'LearnRateSchedule','piecewise', ...
    'LearnRateDropPeriod',125, ...
    'LearnRateDropFactor',0.2, ...
    'Verbose',0, ...
    'Plots','training-progress');

net = trainNetwork(XTrain,YTrain,layers,options);
net = predictAndUpdateState(net,XTrain);
[net,YPred] = predictAndUpdateState(net,YTrain(end))
YPred = uint8(YPred)
```

运行结果如下：

```
YPred =
 uint8
  167   161  168   172
```

结果仍不太理想。说明在这个例子中，这种数字化表征方法确实不太合适，需要进行修改。

高等院校计算机教育系列教材